陪 伴 女 性 终 身 成 长

慢慢变富

让人生更富有的金钱与工作法则

[日] 松浦弥太郎 著
曹逸冰 译

江苏凤凰文艺出版社
JIANGSU PHOENIX LITERATURE AND ART PUBLISHING

序言

“只有实力过硬的人才能笑到最后。”我的商业导师如是说。

想法再多，精力再充沛，一个没有实力的弱者也绝不可能在当今激烈的社会竞争中取胜。所以他教导我，要先增强自己的实力。

所谓“实力”，这里并非指肉体层面的体力，它的本质其实是名为“知识”的硬实力，外加人脉、信誉以及金钱。

人在一生中会遇到各种各样的挑战。屡战屡败，屡败屡战。成功与否的关键在于你面对挑战时能够专注到什么程度。不过拼到废寝忘食恐怕也不现实。

越是有价值、有意义的事业，想要出结果，花费的时间就越长。收获的结果其实就是金钱，而这些钱要很久以后才会进到你的口袋，就看你能不能等到那一刻了。如果你没有足够的资本（实力），就一头栽进去，恐怕最终是无法坚持到最后的，只能以放弃告终。这样的例子在现实生活中比比皆是。

人们总以为只要努力就会有好结果，可现实谈何容易！

“我来做！”“我能行！”“我会努力的！”——这些话说起来轻巧，可你要如何证明自己呢？要证明，就得靠上面提到的硬实力，也就是知识，还有人脉、信誉以及金钱。

“你要足够强大，强大到可以耐心等到成功的那一天。”——这就是制胜的秘诀。为此，你必须去学习一切必要的东西。这也是导师给我的教诲。

“等不了”意味着你总是很急躁。于是，一出现问题你就怨天尤人，一遇到事情你就大吵大闹。那受挫不过是必然的结果。

但如果你足够强大，足够耐心，就不会焦躁，也不会慌张。即便遇到问题，你也能把它看成人生必经的过程，做出冷静的决策——因为你等得起。

在体育界更是如此。要想拿到好名次，就得先练好基本功，然后再掌握技巧，否则就不可能在比赛中脱颖而出。因为在关键时刻，决定命运的永远都是基本功。

种植农作物，培养人才，发展人脉，治疗疾病，解决问题……在我们的日常生活中，需要“等待”的事情何其之多。

在商业社会中，“等待”的本质也没有任何区别。该等的时候不等，急急忙忙要结果，会造成怎样的后果呢？

毫无疑问，你将一败涂地。这就好比有人用“一个月暴瘦10公斤”的方法减肥，照理说，这么多赘肉是要用一年时间慢慢才能减掉的，暴力促成的结果必然伴随着巨大的风险，还会有碍身心健康。

所以，“等待”是一切的基本功，也是一种重要的人生态度。我们应该将“等待”二字铭记于心。一个“等不了”的人绝不可能取得成功。

越是有价值的事情，越是有意义的学问，做起来就越花时间。而等待的时间越长，最后收获的成果就越大。只是收获的那一天，离你很远很远罢了。

请容我再强调一遍，成果永远都不是立竿见影的。可惜能够明白这个道理的人少之又少，大多数人做事都很着急，没有耐心去等待。成败，其实就在于你能否耐心等到实现目标、做出成果、收获回报的那一刻。

为了实现远大的梦想，就必须投入资金、时间和自己拥有的一切，然后静候结果。然而，梦想成真的那一天遥遥无期，不知道要等多久。正因为如此，我们才需要让自己强大起来，这样才有足够的实力去等待。

增强实力也讲究循序渐进。起初，你的实力可能只有 10 分。先把用 10 分的实力就能办成的事情办好，再挑战需要 50 分的实力才能做好的事。然后再进入下一个阶段…… 不断重复这个过程就可以了。

在这本书中，我将与大家分享我自己是如何增强基础实力，如何掌握等待的力量，如何获得在商界和实力同样重要的东西——经验（信息）。这本书也可以说是我的人生备忘录，记录了我在人生各个阶段的一些发现、启示与收获。

最后，导师还告诉我："我们现在所做的一切，都是为了等待那个结果……"不知各位读者是如何理解这句话的。衷心希望大家可以在这本书里找到答案并有所收获。

松浦弥太郎

2020 年 1 月

目　录

第一章　了解金钱与时间

第二章　学会花钱与花时间

第三章　投资与管理——资产增值之道

第四章　工作令人生更精彩

第一章

了解金钱与时间

钱只有在花的时候才能体现出价值

金钱本身并没有价值。1 万元也好，100 万元也罢，单单放在那里，除了数量不同，并看不出什么本质上的区别。只有在花的时候，才会体现出区别。

无论是买东西，还是办事情，1 万元和 100 万元起到的作用显然是截然不同的。想要出国旅游，只有 1 万元是肯定不够的，可如果你手上有 100 万元的话，那世界各地随你挑，几乎没有去不了的地方。**钱只有在花的时候才能体现出它的价值。**

很多人喜欢攒钱，这恐怕是因为他们误以为

“钱本身就有价值”。**攒钱比花钱更容易。毕竟花钱的方法有很多，但攒钱的方法只有一个，那就是“少花钱”。**

朋友跟我说过这么一件事：

有个人勤勤恳恳工作了几十年，攒下了几百万元。他这辈子只做了两件事——工作和攒钱。可好不容易熬到退休，有了可以随意支配的钱，他却不知道如何把钱用在有意义的地方。结果没过多久，他就把所有的积蓄都花光了。

这也是一种人生吧，不过这个故事告诉我们，花钱其实比攒钱更难。

善于和钱打交道的人都不会刻意攒钱，而是不断探索花钱的方法。因为在现代社会，**不流动的钱只会不断贬值。**

效益好的企业也是如此。别把增加的收益藏着掖着，拿出来投资开拓新业务，采购新设备，收益才能进一步提升。

也有人觉得，钱这个东西肯定是越用越少的，只要不花就不会少，所以不花钱才是明智之举。可问题是，钱如果一直攒着不用，贬值就是必然的结果。随着物价的上涨，原本能用 100 元买到的东西，10 年后说不定就得出 120 元才能买到了。哪怕你把 100 元牢牢捏在手里，10 年后也买不到同样的东西了。这就是“贬值”。

但要是把钱花出去，钱就可以升值。钱的价值会随着用法的改变而发生变化，所以善于和钱打交道的人无时无刻不在思考怎样花钱才能让钱升值。

最简单易懂的例子莫过于投资。如果你买了基金、股票等金融产品，行情好的话，100 万元就有可能变成 120 万元。如果投资开拓的新业务取得了成功，也有可能获得数倍的回报。

当然，并不是说每一次投资都能以成功收场，所以也不是说要把所有的钱都投进去。但投资就跟买彩票一样，你得先掏钱买，否则是不可能有回报的。

在善于用钱的人眼里，无论是买车还是旅行，都会带来“把钱存在银行卡里”所无法产生的价值。所以他们才会站在投资的角度深入思考自己要买什么样的车，甚至还会考虑平时要怎么开这辆车。

对待旅行，他们采取的也是同样的态度。他们会仔细琢磨，想要彻底放松身心，去哪里最合适。如果一次放松的旅行有助于保持健康的体魄，让自己精力充沛地投入新的工作，那它就是值得的。

旅行期间的经历有时甚至能催生出创业的点子。说不定还能在当地结识意想不到的人，打开新局面。**总而言之，善于花钱带来的是经验和无限的可能性。**

所以，在审视自己的生活状态时，我也会有意识地看一看自己有没有在为“该怎么花钱”而发愁。如果没有，那我就放心了，因为一直在花钱，钱一直在流动。钱没有在流动，就意味着“什么都没有发生”，这可不是好现象。事事顺利的时候，钱也必然在流动。

请牢记，**钱是一种只有在花的时候才能体现出价值的资产。**

花时间的时候也要考虑回报

我们再来看看“时间”。

时间不同于金钱，每个人生来就平等地拥有时间。无论你出生在何时何地，每个人拥有的时间都是一样的，即一天 24 小时。

对于大多数人来说，“钱”是自己或家人用工作换取的收入，用了就会变少，每天有增有减，总会放在心上。但是，时间的总量不会增加也不会减少，所以我们更需要有意识地去关注时间。

先来聊一聊“如何理解 1 小时的价值”吧。用

花钱、花时间，都要考虑回报

好时间的难度之所以高，关键在于时间的回报不如金钱直截了当，没有那么浅显直白。

而钱在这方面就直截了当多了。假设你打算买一件 500 元的 T 恤衫。遇到这种情况时，大多数人都会在心里考虑并衡量，这件衣服是不是真的值 500 元，它和 100 元的 T 恤衫有什么不同，把这 500 元花在别的地方是不是更有价值，然后再做决定。

分配时间的时候，也可以从回报的角度入手。假设给你 1 小时的自由时间，由你随意支配，你会做什么呢？发发呆，什么都不做？看书？约见朋友？聊聊微信？这些选项的回报分别是多少呢？算清楚之后，你又会做出怎样的选择呢？

时间带来的回报是肉眼看不见的，关键在于你能不能有意识地把时间用在刀刃上。

如果发呆放空能帮助你放松身心，那也是非常有价值的回报，但大多数人发呆恐怕并不是基于这个目的。

这里所说的“回报”不是指可计算的得失，而是指你从中得到了什么，它对现在的你和未来的你又意味着什么。

你花出去的每分每秒不一定都能起到立竿见影的效果，但巧妙利用时间和花费金钱是一样的，日后定会带来巨大的回报。因此请大家务必想清楚，自己接下来要用的 1 个小时是为了什么而用。明确的意识，会带来可观的回报，对你的人生也将产生深远的影响。

比如工作时间的回报就明明白白、清清楚楚。如果你每周上五天班，每天朝九晚五，那么你付出的时间会以工资的形式回报给你。如果你从事的工作采用时薪制，那么时间与金钱之间的关系就更加明确。

但你的思维如果止步于这一层面，时间就不会成为你的好伙伴。

时间用得好不好，取决于这段时间过得有多充

实，工作表现有多优异。我们平时经常说“性价比”，其实“性时比”更应该值得被关注。

反正就拿一份死工资，偷偷懒敷衍一下不就行了吗？还是时刻思考自己能在有限的时间里做些什么。——这两种对待时间的态度所带来的效果显然不同。

对于我来说，只要是在工作时间内，我都会尽量保证自己在全身心地为公司的利益做贡献。

即便是跟同事开会，我也会抱着“这是在为公司盈利做铺垫”的心态。开会不单单是为了跟同事搞好关系，花这么多时间的意义在于深入沟通，了解同事有没有遇到困难，接下来想做什么，这些都是为了让今后的工作开展得更顺利。

如果你从事的是工资或报酬相对固定的工作，自然不必反复斟酌时间的价值，所以不能说工作期间一定不能有丝毫的松懈。

但时间只能靠自己管理，如果不能有意识地严格把控，就会把时间浪费在丝毫没有回报的事情上。所以我们要时刻关注自己此刻有没有在创造价值，并想方设法创造更多的价值。

时间的回报有比较大的不确定性。如果努力了却没有达到预期的效果，从结果上来看，你花出去的时间就是白白浪费了。这跟理财是一样的，有成功，也有失败。

有回报意识固然重要，可如果因为惧怕竹篮打水一场空而驻足不前就太不可取了。就算真的浪费了一些时间，也要学会往前看，千万别沉浸在后悔之中。

如何让钱变多

我在美国街头卖书度日的时候，每天都要算账。钱包里有多少钱，住旅馆要多少钱，吃顿饭要多少钱，手头的钱还能撑几天……

那时日子过得紧巴巴的，我根本没有闲心细细斟酌钱该怎么花。这也是没办法，毕竟我连维持生活必需的钱都不够。不过虽然那时我每天都过得很艰难，但我一点都不觉得苦。

我每天都在琢磨“怎样才能卖出更多的书”，反复试错的过程别提有多带劲了，仿佛自己的人生就是一场大规模的实验。如何赚钱？如何花钱？——

这两个问题的答案与自己的钱袋子和经验直接挂钩。

从那时起，我就开始琢磨“怎样才能让钱包里的钱变多”。如何把1000元变成2000元？1万元又要如何增值到2万元呢？

进价200元的运动鞋要是足够稀有，说不定可以卖到1000元。花800元买把二手吉他，去街头表演，一天赚个几千元也不是痴人说梦。哪一条路是切实可行的呢？要沿着那条路走到底，我还需要什么呢？

从十多岁的少年时代到今天，我一直都在思考这些问题。事物的价值并非固定不变的，所以把1万元变成2万元的方法有很多。只要稳扎稳打，逐步壮大本金，1万元就完全有可能变成10万元，甚至100万元。

十多年前，有人从一枚红色曲别针起步，以物换物，最后换到了一栋房子，引起了全社会的关注。

同理，你的钱也可以增值好几倍，只要在使用的过程中为它注入价值即可。

构筑资产的关键在于“坚持做生意”，无论生意规模的大小。不在生意上投入时间，1 万元就不可能变成 100 万元。

仅仅用对一次金钱或时间还不足以引起质变，**但只要坚持不懈地把金钱和时间用在刀刃上，就一定会有成效。**

欲速则不达，凡事都急不得。

因为工作的关系，我时常要和大公司打交道，或是参与一些大项目。总有人夸我：“单枪匹马能做成这么大的事，真是了不起啊！”殊不知，我在这些项目开花结果之前耗费的时间和精力超乎常人的想象。

有些项目通常要筹备很久才能开始赚钱，短则半年，长则一年，甚至更久。期间，我要跟很多人交换名片，分分钟可能就会发掉一整盒。还要一次次参加会议，阐述项目内容，制定策划方案。能否

用好钱（时间）= 增加资产

谈成一笔大买卖，就看你有没有耐心等上一年半载了。

有时候，我也会担心项目能不能谈成，和同事的沟通会不会是白费功夫。毕竟努力到最后关头却没成功也是常有的事。

但大项目永远是费时费力的。要想赚大钱，就需要花时间去做更充足的准备。光优秀还不够，你还得把能够切实盈利的规划摆在对方面前，让对方信任你。

我最不怕慢慢来，所以我能沉住气慢慢推进，花上一年甚至几年时间也没关系。倘若换一个脾气急躁，没有耐心等待的人呢？他一定会很烦躁，心想，怎么还不给个准信啊？为什么合同还没签好啊？

人在商界，不可能每一个项目都一帆风顺。没谈成的项目也不是白白浪费了时间，一切都是必然。

我以工作为例，与大家探讨了投资与回报的关系。而人脉是我们每一个人的资产，构建人脉自然也需要时间。健康也是如此。跑三天步是看不出效果的，想减肥的话，只坚持三天也不会有任何起色。

你的坚持与努力也许不能立竿见影，但日积月累，总会体现出效果，带来某种收获。这样的收获才是真正意义上的资产。正因为这颗果实是你投入了时间、脚踏实地栽培出来的，它才能在关键时刻护你周全。

花钱买开心

当年做杂志的时候，我每天都在绞尽脑汁地思考如何才能提高销量，也尝试了各种各样的办法。然而头五年的业绩并不理想，处境相当艰难。

后来有一天，我半夜下班回家，路过一家便利店，走进店里随便逛了逛。就在这时，我突然发现其实我并不知道自己在干什么……我一会儿看看杂志，一会儿走到摆放零食的货架前，却没有看到什么特别想买的东西。

我当时便意识到，自己肯定是想要什么的，只是迟迟没有找到想要的那个东西罢了。

那段时间，大环境一直都不太好。我转念一想，是不是有很多人跟当时的我一样，找不到自己想要的东西呢？

那晚我逛了半天，最后买了冰激凌。但那应该不是精挑细选的结果，而是某种下意识的行为。

也许花钱就是这么回事。我不是为了买冰激凌专程去的便利店，而是碰巧路过便利店，在店里寻找能够满足自己的东西，随便买了一些就走。因为购买这一行为本身就能治愈疲惫不堪的心。

那天我在工作上遇到了很多不顺心的事，整个人筋疲力尽，所以下意识走进了便利店，寻找能让自己忘却烦恼的东西。而那个东西碰巧是冰激凌。冰激凌的确有让人暂时忘记烦恼的功效。吃起来凉凉的、甜甜的，心里仿佛也舒坦了许多。

从那时起，我便养成了一个习惯：觉得身心俱疲，或是心情不好的时候，就在回家路上顺便去便利店买个冰激凌吃。

换句话说，**人们非常愿意为“能让自己忘记烦心事的东西”买单。**

从第二天起，我调整了杂志的编辑方向，决定在内容方面更加注重“杂志的内容能不能帮助读者忘记忧愁与烦恼”。之前的迷雾逐渐消散，杂志的销量也节节攀升。

其实打游戏、看视频的时候，我们也能忘掉那些不顺心的事情。听相声、去唱歌也一样。人们都愿意为那些能帮助他们逃避现实的东西买单。

为了忘记不顺心的事情而花钱没什么不好。如果吃一个几块钱的冰激凌就能让你豁然开朗，将烦心事抛之脑后，还有比这更划算的买卖吗？人在面临困难与痛苦的时候，难免会产生花钱的冲动，想花钱买个舒心痛快。

如果你在花钱之前有所犹豫，不妨停下来想一想，这笔钱花得是否物有所值，是否能让自己开心。

哪怕别人告诉你“不能这么糟蹋钱”，只要你自己觉得开心，那就尽管去花吧。

不过你要是还拿不准，不确定这笔钱花出去能不能让自己开心，那就等有了明确的答案再说，不必急于一时，不用立刻下定论。只有像这样反复思考，才能渐渐掌握用钱之道。

工作的价值在于能否帮助到别人

工作与金钱、时间密切相关。大多数人通过工作获得收入，将大量的时间投入到了工作中。那我们究竟应该如何工作呢？

做杂志主编的时候，我意识到人们愿意为能让自己忘记烦心事的东西买单，并把这个发现落实到了杂志上。

通过工作创造能让他人忘记烦心事的东西，就等于是在“帮助有困难的人”。这就是我对工作的定义。离开编辑部之后，我也会在推进项目的时候不断提醒自己："这份工作能帮到需要帮助的人吗?"当然，写书的时候也一样。

有些人认为，工作的目的是"实现自我"。充分发挥自己的能力，得到他人的认可，才是最令他们高兴的事情。

也有人说，工作是为了获得金钱，只要有工资拿就行。所以他们习惯默默处理手头的工作，尽量不让自己感受到痛苦或快乐。

每个人都有自己的人生态度。我一直把自己当成社会的一个齿轮。光靠我一个人是不足以影响社会的，但是一想到自己的工作能在社会的某个角落发挥作用，我就很高兴。

当然，工作也是实现自我价值的平台，**但我更看重的是——这样做真的能帮助有困难的人吗?**

比如，面向有意来日本旅游的外国人做宣传的时候，大家往往会列举各种风景名胜，百般介绍。但我的出发点是那些人之所以想要来旅游，肯定是遇到了什么问题。我要探寻的，就是那些当事人自已都没意识到的、潜意识里的心结。

所以，只有开心、快乐、有趣的旅程是不够的，还需要加入其他元素，帮助他们解开潜意识里的心结。如此一来，游客才会更加享受这次旅行。

有人遇到了困难，而我创造出了能帮他们排忧解难的东西。他们愿意为这个东西买单，我也能从中获得报酬。这才是最理想的工作模式。

世界上有很多好看好玩的东西。可它们都能帮助遇到困难的人吗？不一定。

某些东西可能很受追捧，但它们恐怕无法带来可观的报酬。因为人不愿意也不会为单纯的东西掏钱。

如果某个东西能以最简单、最深刻的方式帮到有困难的人，它便能带来源源不断的收益。

收入＝感动×人数

当我们在谈论金钱和工作时，收入的多少总是绕不开的话题。那么，收入的本质是什么呢？为什么有些人的收入那么高呢？难道仅仅是因为他们职位高，所在的公司规模大吗？

我曾经深入观察过这个社会，仔细思考过高收入群体和低收入群体之间的差异。这个差异，其实非常明显。稍加思考，就能明白。

无论是个人，还是企业，哪怕只是一家小卖部，都遵循着同一个原理。“收入多”就是“盈利高”。那么盈利究竟从何而来呢？

收入 = 感动 × 人数

盈利的本质是“感动”。盈利与感动的人数呈正比。盈利高，就说明你为许多人送去了感动。而盈利低，就意味着被你感动的人比较少。

大家不妨想一想，年收入几千万的大明星和一年只能挣十几万的十八线艺人，究竟有什么不一样？区别就在于为他们所感动的人数。人气高的明星经常有机会上各种电视节目，这意味着他们能让更多的人忘记烦心事，给更多的人送去感动。哪怕大明星和小艺人用于表演的时间一样，被感动的人数也是天差地别，所以两者的收入才会拉开几十倍、几百倍的差距。

为什么世界知名的职业运动员其收入可以数以亿计，道理也是一样的。因为他们可以通过电视、网络等媒介，感动全世界数亿、数十亿的观众。

收入 = 感动 × 人数——这就是收入的公式。

当然，并不是每个人都能像当红明星、顶级运动员那样赚大钱，但如果你真的想要提升自己的收人，不妨参考一下这个公式。

无论你从事的工作属于哪个行业，接触的对象都是有血有肉的人。说到底，所有的工作都建立在人的感动之上。关键就在于你能够感动多少人。

听起来好像很简单。然而，能令许许多多人为之感动的东西可不好找，所以广大企业家才会搜肠刮肚。

如果你是一名公司职员，想要增加自己的收入，不妨试着逐步增加公司里认可你的人。假设现在认可你的有 50 人，那就想办法增加到 60 人，然后是 70 人、100 人、200 人……如此递增。如果你们公司总共有 200 名员工，其中有 150 人被你的工作表现所感动，也许要不了多久，你就能升职加薪。努力增加认可自己的人，就会有这样的效果。

所以，我们要时刻牢记，明天要比今天做得更好，后天要比明天更进一步，努力用自己的发言、提议、思维与行动感动更多的人。

倒也不是说收入高的工作就一定“正确”，收入低的就一定“不正确”。每个人都有自己的愿景，世上也的确有收入不高却稳步发展的工作与企业。

收入越高，就意味着你要面对更多的人，承担更多的责任。要维持这样一份工作，离不开众多员工的支持和良好的工作环境，工作的推进方式也会和低收入的工作截然不同。

感动是多种多样的，有些具有打动 1 万人的价值，有些则只能打动 100 人。所以我们不用太在意盈利的多少。

不过在思考金钱和工作的时候，还是请大家牢记收入的公式：收入 = 感动 × 人数。想获得更多的收入，就努力提升公式中的两个变量吧。

这就是我眼中的“工作与金钱的关系”。

不贪恋身外之物

这些年，我一直过着极简的生活。看到我家里只有极少量的东西，大多数人都会大吃一惊。

我也有过持有许许多多物品的时期。“这个也想要”“那个也喜欢”……不过我对身外之物不是特别讲究，不存在“只要这款”“非那款不用”的情况。

有时候，我也会尝试一些大家赞不绝口的东西。不过驱动我的并非“想要拥有”的欲望，而是“想要了解”的念头。

亲自尝试一下，就会明白它为什么受欢迎，好在哪里。要是用着顺手，当然也会继续使用，但我不会产生“以后也要一直用这款！非它不可！”的想法。倒不是说世上没有好东西，只是我更看重体验，对身外之物不会特别贪恋。

此时此刻，我环视整个家，也找不出一件“绝对舍不得”的东西来。其实不久之前还是有的，但我已经把那件东西处理掉了，所以我可以明确地告诉大家，现在是真的一件也没有了。

我很喜欢原声吉他。几年前，我买到了一把心仪已久的吉他。那款吉他非常罕见，全世界只有十几把。我费了很大的力气才买到，价格也非常昂贵。

上手弹奏了一下，觉得音色美妙极了。在那一刻，我甚至下定决心，这辈子都不会卖掉这把吉他。我在它身上感觉到了无穷无尽的魅力。然而，就在我打算自己慢慢摸索，与它携手相伴时，我竟然在机缘巧合之下遇到了一位想要买这把吉他的人。他说，他也一直在寻找这款吉他。

了解到他求购吉他的原因之后，我意识到他的动机更有必然性，他对吉他的激情远远甚于我。听完他的一番话，我对这把吉他的迷恋就神奇地消失了。我毫不犹豫地把吉他转让给了他，并且告诉他："这把吉他对我而言也是很有价值的，但我能看出你更喜欢它。"

这件事让我认识到，**物欲其实是虚无缥缈的东西，并不长久**。我经营书店多年，也曾遇到过特别珍贵的书，不想卖给别人。可是诚心想买的人一旦出现，我就会痛痛快快地卖给人家。即便是书，也没有一本能让我产生永远将它留在身边的想法。

有些人舍不得物品，更舍不得物品承载的记忆。出远门时买的纪念品总也不舍得处理。但我向来认为，回忆只要放在心里就行了。如果东西不在了，记忆就消失了，那也未尝不可。也许就那样忘记，反而能让你的生活变得更简单一些。

我还听说，**贪恋与心理层面的饥渴或缺乏自信有关**。我年轻的时候，也曾用自己拥有的东西来表现自我。但是随着年龄的增长，我越来越了解要如何满足自己。**满足感并不来源于物质，而来源于更深层次的充实感。**世界上有很多美好的事物，我都想尝试一二，但只要试过一次，我就会心满意足。

所以我最近甚至很少买东西。倒不是想省钱，只是不太有“想要拥有某件东西”的念头。也许你越是刻意节约，物欲就变得越强。

家里东西太多，忍不住要买东西……如果你存在这样的问题，不妨用心揣摩一下自己“放不下”的究竟是什么。也许你真正想要的并不是那些身外之物。

把钱花在体验上

没有想买的东西，那该把钱花在哪里呢？答案只有两个字——体验。

我有一位朋友，他是名副其实的爱车一族，每隔半年就要买一辆车。每次见面，他都是三句话不离车，动不动就会激动万分地说：“我下次一定要买这款车。”

我本以为他如此爱车，肯定会很宝贝那些车，谁知新车到手之后，他一般只开 3 个月，时间到了就卖掉，即便买到了心仪已久的车也不例外。

他对“爱车”二字的诠释和我的理解截然不同，以至于我一直都无法理解他这样频繁换车的目的是什么。直到最近，我终于想明白了。

他爱车，所以他想享受驾车的体验。这款车的发动机会发出怎样的响声，加速感如何，转向感如何，提速后能带来怎样的融合感……他买车是为了体验这款车的方方面面。了解清楚了，兴趣便转移到了下一款车上。

爱车之人也能分成若干类，有的人只买一辆车，细心呵护，长久相伴。而我这位朋友的“爱”就是好奇心。他想了解更多的车，所以在摸清一辆车的性能之后，便对另一款车产生了好奇心。如此积累经验的过程也是一种学习、一种享受。

当然，只有资金实力过硬的人才能享受这样的体验。不过也有人把同样的“玩法”应用在了别的东西上，比如葡萄酒爱好者。酒喝完就没了，于是他们的兴趣会不断转移，一款接着一款喝。

也许有人会问，好不容易买到手的车，没开多久就转让岂不是很亏吗？但是仔细想想，他并没有吃亏。因为他买的是那种吸引人去体验的车，本身的价值很高，转让的时候也能卖个好价钱。通过这样的体验，他可以向别人滔滔不绝地介绍不为人知的汽车特点，甚至把这些信息发布出去。能了解到这个地步的人不会很多，说不定还能利用这些知识创造新的价值。不仅不会赔钱，还有可能盈利呢！

上面这个例子可能有点极端，但是“把钱花在体验上”就是这么回事。我的这位朋友专注体验汽车的性能，在这方面积累了越来越多的经验。那都是他花钱买来的“第一手信息”，都是实用可信的干货。

不仅如此，他的个人魅力、教养和学识也在这个过程中迅速增长。就算不拿体验做生意，他所获得的丰富经验也有不可估量的价值。

多亏了互联网，我们可以轻松获取各种信息。

正因为我们生活在这样一个时代，**体验才会越来越有价值**。在社会的各个层面都是如此。

我也越来越倾向于把时间和金钱投入到体验和学习中。我觉得这才是最好的、最健康的用钱之道。常有人试图通过拥有某些东西、穿戴某些服饰、开某种车获得优越感，但是比起“开什么车”“开车时有怎样的感受”这样的体验才更有价值。

去口碑好的餐厅也是同样的道理。用餐的实际体验如何？除了菜品的味道，餐具给人的感受怎么样？享受到了什么样的服务？周围坐着什么样的客人？他们是怎么用餐的？亲身体验的经历，都会转化为你的财富。

体验不比实物，看不见摸不着，但它们也是能让你的人生变得更加精彩的宝贵资产。

研究金钱，为构筑资产打下基础

我年轻时在美国吃过不少苦。根据我的个人经验，如果你几乎没有可以自由支配的金钱，就不会为如何花钱而发愁——因为你根本没得选。

如果你在美国过的是每天只能花 10 美元（约合人民币 65 元）的日子，你就不会考虑今天晚餐吃什么，吃法国菜还是意大利菜，因为你压根就没有选择的余地。

很多人总把“勒紧裤腰带”挂在嘴边，可如果连日常生活的必要开支都得节约，那就意味着**你的当务之急其实是开源（提高收入），而非节流（节约**

开支）。

我做了很多年自由职业者，也有过勉强糊口的时期。后来收入稍微增加了一些，但终究不太稳定，日子过得紧巴巴的。当年我几乎没有可以称得上资产的东西，也没有多少选择的余地，所以也不曾为“如何花钱”而烦恼过。

与那时相比，如今的我总算有了些烦恼的资本。摆脱困境的关键，在于坚持不懈，永不言弃。我坚信自己不可能永远都过那样的日子，所以无时无刻不在思考如何增加收入，并付诸行动。最终，我突破了难关，迈入了人生的新阶段。

给大家分享我的一位女性朋友的经历吧。她原本是没什么运动细胞的，可是突然有一天，她心血来潮，想要挑战一下铁人三项，于是便请了教练开始训练。在同期训练的小伙伴里，她是体能最差的一个。第一次参赛的时候，只有她没有完赛。但她很乐观：我又没有运动经验，体能不好是理所当然的呀！

后来，小伙伴们三天打鱼，两天晒网，她却埋头苦练。虽然练来练去还是跑不下来，但她为什么还能坚持训练呢？因为她坚信："我总有一天会成功的。"

几年后，她终于练到了可以完赛的水平。又过了一阵子，她的成绩迅速超过了同期的小伙伴，如今已经可以在比赛中拿名次了。身材也练得跟专业运动员似的，紧致而健美。

成果的关键就在于相信自己，并持续挑战。没有人能在第一次挑战的时候就取得很好的成绩。不要因此气馁，要相信总有成功的一天，只要持续努力，自然能够开花结果。

我朋友的这份硕果来源于"挑战自己本不擅长的体育项目"的勇气，以及"坚信自己总有一天能够化腐朽为神奇"的执着精神。

无论置身于哪个行业，坚持学习、点滴积累、永不放弃的人都会收获巨大的回报。

今时今日，即便一个人收入微薄，也不至于活不下去。如果你觉得这样的生活就足够了，那也不用想太多。有的是好吃又实惠的餐厅，有的是耐穿又舒适的休闲服，想过开销少的生活其实并不难。

差不多地去生活，其实再简单不过了。我们大部分人，过的都是这样的生活。

然而，如果你想活得更好，就需要考虑更多的事情。闲钱是放在活期账户里存着呢，还是拿出来投资呢？买房好，还是租房好？要不要买保险？子女的教育经费要怎么安排？收入越多，选项就越多。越想过上更好的生活，越需要深入了解各种选项，学习理财知识。

当然，“保持原样”也是一种选择。不过你要是想了解未知的世界，**想拥有更富有、更幸福的人生，那就趁现在为积累财富好好打算吧**。因为我们所处的世界正在飞速地变化着。

在观察中学习有关金钱与工作的事

无论是金钱、工作，还是人生，我的学习都建立在“观察”之上。怀着好奇心仔细观察，用自己的方式去解读世界上正在发生的事情和未来将会发生的事情，然后不断积累经验，这样在关键时刻就不会手忙脚乱。

只要坚持留心观察，你就能总结出某些问题的固定模式，比如“这种情况下应该这样做”“这种事会产生那样的影响”……这些观察的结果可以运用在工作中，也可以为你的人生指路，在理财方面也有极大的参考价值。

锻炼观察力

观察不仅能为“判断”奠定基础，更有助于提升“想象力”。“只要这样，他就会表现出兴趣”“生意做得好的人不会这样做的”……久而久之，你就能靠想象规划好自己的下一步。而且你还能设想到最好的结果和最差的结果。如果能在创业前想到这一步，便能做好充分的思想准备。

我一直认为，正因为我每天都在用心观察，才不会任事态发展，或随便把主动权交给公司和社会，凡事都自己拿主意。经济学领域有一个概念叫“信息不对称”。**因为没有察觉到某个关键信息背后的风险而吃亏赔钱，在商界是常有的事。**

我从小就酷爱观察，总是盯着东西看，当时都没意识到那就是观察。小时候，妈妈经常批评我：“别一直盯着看啊！”我就是个无论走到哪里，都会目不转睛盯着东西看的孩子。不过我观察的不是自然，而是事物的状态、人的动作等。我还会自己去各种地方，观察各种各样的事物。

高中辍学后，我做过很多兼职，接触到了形形色色的人，甚至近距离观察过撒谎不打草稿、偷东西也面不改色的人。在美国，我也经常碰到“看似友好的热心人其实居心不良”这样的事情。多亏这些经历，我的观察力有了显著的提升。

常有人说“创意来源于灵感”，但在我看来，创意绝不是凭空产生的。它建立在平时的观察之上，更离不开观察造就的理解力、想象力以及更高层次的思考力。

如果有人让你“动脑子好好想想”，你却不知该从何做起，那就从观察入手吧。然后去想象，再思考。

也有人说：“凡事开头难，先动起来，边做边想就是了！”但很多事是不可能光靠冲劲办成的，尤其是跟金钱有关的事情。

大家不妨先用自己的方式观察一下和金钱“相

处融洽”的人平时是如何跟钱打交道的，站在“钱”的角度想一想，怎么花才能让钱开心。渐渐地，你的思维水平就会提升，知识量也会增加，久而久之就能摸索出最适合自己的行事方法。

不断重复这个过程，你的思维就会日趋精准。

自信是一种财富

刚开始打工的时候，我没有一技之长，只能做些搬货、打扫卫生之类的杂活。大多数新人都是从这样的杂活开始做起的，而我格外擅长打扫卫生。比如工匠忙完之后，我会用最快的速度把地面清扫干净，把工具收拾好，所以有我在的工地总是干净又整洁。

打扫勤快，让我收获了踏入社会之后的第一句赞美。埋头打扫，让我渐渐成为工地不可或缺的一员。我不去上班的时候，地上便会随意摊着各种工具，影响工匠们干活，所以我一个没有任何专业技能的小杂工竟然得到了重用。

这件事让我意识到，自己比别人更擅长打扫和整理，这让我信心大增。有了自信心，我便告诉自己，无论以后遇到什么样的困难，我至少有拿得出手的本事。

在工地上，我还经常帮大家跑腿。比我年纪大的工人常在休息时间使唤我帮忙买罐咖啡、买包烟等。年轻人嘛，难免要干点杂活。他们一开口要，我就会一口答应："好嘞！"立刻冲到附近的便利店去买。跑着去，跑着回，办事速度可快了。

其他小年轻心里都嫌麻烦，跑个腿也不情不愿，可我的态度好，所以经常得到表扬。日子久了，大家就越来越依赖我了。过了一阵子，他们甚至记住了我的名字和长相，要知道我可是最底层的小杂工啊。

"他和别人不一样！"——所有人都对我刮目相看。聊起下一个工程要用谁的时候，他们也会第一个想到我。因为大家都知道“无论让他办什么事，他都认认真真的，毫无怨言”，而且“他总能把工地打理得井井有条”。

我也因此得到了去条件更好的工地工作的机会，还有管事的人特意挖我去干活。工资待遇也改善了不少。

在那之前，我并不觉得自己很会收拾打扫，很擅长跑腿。要做好这两件事，本就不需要什么特殊的能力。我只是**用心做好了别人交给我的工作，得到了大家的称赞**，仅此而已。

不过众人的认可让我树立了自信心。虽说不是什么大不了的优点，但这段经历让我意识到平凡的自己也有过人之处。对于我这个高中辍学的人来说，这份自信心比什么都重要。

再琐碎的小事，只要尽心尽力去做，都能成为你的专长。取悦他人，也能变成你成功的经验，还能帮助你树立起自信心。

目前我正在学习如何经营公司，如何写作。就算这两条路走不通，我也有别的路可以走——这样的心态尤为关键。

听说现在对负面评价特别敏感的人越来越多。稍微挨两句批评就受不了了，情绪低落，暴跳如雷，甚至害怕与人见面，害怕工作。可是人生在世，遭到他人的否定是常有的事，那也是学习的起点。

再坚持一下，找到自己擅长的领域，以后的日子就轻松了。

人人都说自信很重要，但自信也不是什么可遇不可求的东西。就拿我来说吧，我因为同事们的表扬了解到了自己的长处。一眨眼 30 多年过去了，我仍然把当年的成功经历铭记于心。

如果你不知道自己擅长什么，那就想想自己做什么事情的时候最开心。能让你着迷，让你废寝忘食的东西肯定很特别。通过这件事积累的经验不一定能用在工作上，但能拍着胸脯说“我很擅长这个”的心态一定会给你带来十足的信心。

自信是一种非常宝贵的财富。树立自信心并不难。拼尽全力试试看，挨了批评也别气馁，坚持下去。你的努力一定会被旁人看在眼里。

访谈　我的工作经历 ❶

狭小的公寓

我生于1965年，我的童年并没有什么特别之处。

小时候我跟家人住在一间又小又破的公寓里，大房间约莫六张榻榻米[1]那么大，小房间铺着木地板，也就两张榻榻米的面积。家里有厕所，但没有浴室，洗澡得去公共澡堂。

按现在的标准，这样一套房子对一家四口来说是不太够用的。不过在当年的东京中野区，周围的街坊邻居基本都是这样。每次去澡堂都能遇见小伙伴，并没有觉得生活有多憋屈，反倒觉得很开心。

1　一张榻榻米约1.6平方米。——编者注

父母给的零花钱大概只有50日元、100日元的样子[1]，一天就花光了。毕竟那时还小，花钱的时候也不会多想，一拿到手就立刻跑去买笔记本、零食或者傻乎乎的玩具，很快就花没了。父母会买我想要的东西当作生日礼物，所以快过生日的时候，我都会提前想一想到时候要提什么要求。

和小伙伴一起玩啦，看书啦，骑车出远门啦……想当年，有太多比花钱更有意思的事情。

我们家的确很穷，班上也有家境特别好的同学，但我从来没有因此自卑过。尽管有时候也会羡慕同学拥有的东西，但不至于被这种欲望牵着鼻子走。

因为每天都很开心啊！对我来说，想想明天要怎么玩，明天要和小伙伴们上哪儿去，才是头等大事。

那个年代孩子多，双职工家庭也多。放学以后，孩子们可以聚在一起玩个痛快。所以当时我对钱的可贵之处几乎毫无感觉。

1 消费力相当于现在的人民币 5 元左右。——译者注

在旧书店睁眼看世界

上小学低年级的时候，我对国外的世界萌生了兴趣。睁眼看世界的契机至今仍历历在目。当时我在练柔道，每周要去JR[1]水道桥站附近的讲道馆训练一次。回家时，我常会顺路逛逛神保町[2]的二手书书店。

起初我只是站在门外随便看看。看得多了，便对其中一家书店产生了兴趣，开始走进去逛了。最吸引我的是欧美杂志和影集。书中尽是我从未见过的生活，格外新鲜。

渐渐地，我发现逛书店比练柔道有意思多了，有时干脆不去练柔道，就在神保町待着。

谁知有一天，我得知自己最心爱的书店要关门了。书店门口贴了一张告示，说“本店将于×月×日停业”。我郁闷不已，便开始更加频繁地泡书店。到了最后一

1 即日本铁路公司（Japan Railways），就是我们常听到的“电车”，区别于地铁。——编者注

2 集中了很多书店、出版社，是日本最大的书店街。——编者注

天，平时也常来这家书店光顾的一位老伯主动跟我说：“我看你来得挺勤啊，你肯定很喜欢这家书店吧？我买本书送你吧。”说完，他买了一本欧美杂志给我，可把我高兴坏了。

若干年后，我在某本杂志上看到了一张熟悉的面孔。原来送杂志给我的老伯是评论家植草甚一老师。我多么想当面跟老伯道谢啊，可惜他已经不在人世了。

第一份工作是打短工

我在高二那年辍学了。因为我觉得，学校里没有我想做的事情。

父母并没有反对。不过辍学也是一种表态，意味着“我以后要自力更生了”，所以他们就不再给我零花钱。

于是我立刻就开始了打工生活。当时有很多高中明令禁止学生在外打工，所以18岁以下的未成年人能找到的工作并不多。

我将视线投向了土木建筑行业。每天早上6点，高田马场铁轨旁的公园会有很多人站着等人来派活。包工头开着卡车或者小巴士过来，拉上需要的人手开去工地。

没有人用名字称呼你。接活也不需要简历。等活的人里甚至有不少酒鬼和残疾人。每天工作8小时左右，日薪5000日元（约合人民币320元）起步，高的能有8000日元（约合人民币512元）。换算成月收入的话，可能接近10万日元（约合人民币6400元），但那毕竟是打短工，所以我并没有“拿月薪”的感觉，也没有要攒钱的意识。

我年纪轻，又听话，体力也好，走到哪里都是最抢手的香饽饽。渐渐地，收入也涨上去了。这让我意识到，别人越需要你，你能赚到的钱就越多。这段经历也让我了解到了小时候从未接触过的、不为人知的另一个世界。

攒够50万日元[1]，前往旧金山

我知道父母很担心我，所以我白天上班，空下来就翻翻杂志，看看电影。渐渐地，我产生了想要出国去看一看的念头。

对当年的我而言，“国外”是一个完全陌生的世界，但我一直很向往欧美杂志带我领略过的风光，于是便想先攒点钱，去美国瞧上一瞧。

然而美国也不是说去就能去的，有几个人能随随便便出国旅游啊。想查资料都无从查起。

不过现在回过头来想想，也许正是因为当初查不到详细的资料，我才不知道出国有多难，才会认定只要有心就能办成。

我看了看旅行社的宣传册，心想攒够50万日元应该就够我往返一趟了，于是我决定先以50万为目标。

---

1 按目前的汇率约合人民币32000元，当年的汇率则更高。——编者注

但问题是，靠工地的短工恐怕很难攒出这个数字。

就在这时，我找到了一份好差事——给物流公司打工。工作地点在物流中心，从晚上8点干到第二天早上5点。因为是夜班，所以时薪很高，每天都去的话，一个月下来能挣28万日元左右。

辍学半年后，我终于攒够了50万日元。

我立刻去旅行社买了东京往返旧金山的机票。我买的是开放式机票，只订了去程，返程可以在3个月内随时预订。

我骗父母说自己要去美国上学，还说那边有认识的朋友，也可以打工。但出发之前，我压根没决定好自己要去做什么。

至于生活费，我只准备了10万日元，手上连一张信用卡都没有。我连旅馆都没订就出发了，到了当地才抓着路人问："Hotel（旅馆）?"好不容易找到了一家廉价旅馆，8美元一晚。那不是面向游客的旅馆，而是给租不起房子的人住的，房间里没有厕所，更不能洗澡。

那是我第一次走出国门，本就语言不通，也没住过这么便宜的旅馆。周围都是陌生人，看到的一切都格外可怕。但是不知不觉中，我便习惯了那种状态，一切都变得司空寻常。

我始终保持警惕，做什么事都小心翼翼。不过渐渐地，我不再战战兢兢。因为我想通了。来都来了，担心害怕又有什么用呢？我无依无靠，什么事都得自己做，可做什么都不顺利。当年可没有智能手机，想打公用电话都不知道该怎么打。英语也不会讲，连最简单的交流都成问题。但我别无选择。

吃饭靠街边卖的廉价盒饭。钱勉强够花，因为我压根不知道该怎么花。这是一次布满坎坷的旅途，但我呼吸到了自由的空气。自己思考后做出的决定都会反馈到自己身上。这样的生活让我觉得格外新鲜。

这就是我的第一次海外之行。

邂逅书店

3个月后，我按原计划回国，重新回到物流中心，继续攒钱。这是一份随时都能捡回来的工作。因为工作强度太大，连着做3个月就已经是极限了，不过大多数人都是一两天就辞职了。除非你有很强烈的赚钱意愿，否则根本坚持不下来。但我毫无怨言，埋头苦干，所以每次去都会受到热烈欢迎，什么时候去都能当天入职。

我又干了3个多月，攒够了钱，便再次杀去旧金山。周而复始。

刚开始，我在那边一个人都不认识，也不会说英语，所以总是很闲。但去的次数多了，我就逐渐适应了，找到了自己感兴趣的东西——那就是书店。

旧金山的书店和我在日本见惯了的书店完全不同，一个全新的世界呈现在我眼前。在日本，大车站附近一般都有主打畅销书的书店，但这种书店不欢迎只看不买的客人，工作人员也总是一副很忙的样子。

然而在旧金山，无论是卖新书的书店还是二手书书店，老板的个性都会体现在选书的品位上，所以每一家书店都很独特。店里一般都摆放着沙发和椅子，顾客可以坐下来随意看书。还有不少书店提供免费的咖啡呢。

“我喜欢这家书店的品位！”“我中意这家书店的氛围！”……志同道合的人聚在一起，形成了一个个小社群。当然，顾客也可以根据自己想买的书选择不同的书店。

每一家书店仿佛都成了展示社区文化、彰显个性的驿站。我特别中意这样的书店，三天两头就往书店跑。泡书店就不用说英语了，不过我看不懂英文书，所以看的都是画集和艺术方面的书。

泡书店的感觉特别舒服。渐渐地，我还结识了一些朋友，慢慢融入了当地社会。不得不说，是书店拯救了我。我当时就想，要是日本也有这样的好地方，那该有多好啊。

第二章

学会花钱与花时间

如果你手握巨款……

很多人辛辛苦苦工作了几十年，又是存钱，又是投资，好不容易攒够了1亿日元（约合人民币640万元）。然而当目标实现时，他们心中都有同一个念头："好像也不是很开心。"他们为了这个目标付出了非常多的努力，终于梦想成真了，第一反应竟然是——那又怎么样呢？

他们本以为，手头有了这么多钱，就能买自己想要的东西了，生活也会稳定下来。可实际呢？惦记了很久的东西也不敢轻易下手，反而担心起今后的日子要怎么过……

也许到了这个时候，你反而会深刻地认识到，钱本身是没有价值的，关键在于“怎么花”。

我在美国的时候，曾在一本杂志上看到过一篇很有意思的文章：两位梦想着成为富婆的年轻女性走在纽约街头，边走边聊“假如我有100万美元”。其中一个人说：“我要买一件暖和的羊绒衫，这样冬天就不怕冷了。”另一个人说：“我想要一件羊毛大衣。”反正有100万美元可以挥霍，两人列举了各种自己想要的东西……

两个人一边逛一边讨论着自己想买什么。就在这时，她们走到了一家珠宝店前。橱窗里摆着一条非常漂亮的钻石项链。

“好想要哦！”“我也想买！”两人都被项链吸引，想知道它卖多少钱，便走进店里向店员打听。不问不知道，一问吓一跳。项链的售价高达250万美元！

两人面面相觑，垂头丧气，很是感慨地说：“100万美元根本不够啊！”

片刻前还聊得兴高采烈，此刻却深感沮丧。两人怀着郁闷的心情踏上归途。

这是一个很有都市气息的故事，非常有趣。它让我深刻地认识到，人的欲望是无穷无尽的。在欲望不断膨胀的过程中，你终将在某个节点认识到现实的残酷，认识到自己的欲望是多么虚无。

即便真的手握1亿日元了，人恐怕还是会同样迷茫——手头有这么多钱又怎样？我还是我，生活也不可能说变就变。可是钱这个东西是越花越少的啊，我到底应该用这笔钱做什么呢？

要是用法不当，这笔巨款可能会毁掉你的人际网。说不定一眨眼的工夫，钱就被你花光了。拥有一个亿，也许会让烦心事不减反增。

在日常生活中，房租、伙食费都是必要的开支，无论你是否关注，该花的还是得花。然而当你手握巨款时，你就不得不关注自己花钱的方式了。到底应该怎么做呢？

我的一位朋友说过这么一番话："把钱随随便便花在自己当时想要的东西上，还是思考如何把钱充分利用起来，直接决定了未来的自己和金钱的关系。为欲望花钱，钱肯定会变少。但要是把钱充分利用起来，即便你暂时花掉了一部分，你的总资产也会以某种新的方式有所增长。这就是不让钱变少的诀窍。当然，这么做也有风险。但你所承担的风险会成为无形的经验教训，对你的未来大有裨益。"

如果你得到了一笔巨款，最好深思熟虑，让钱发挥出应有的价值。话虽如此，想买自己渴望的东西终究是人的本性。那该怎么办呢？

这位朋友教了我一招："再想要的东西，总有一天也会腻的。所以再难也要忍住，不要为了一时的满足而花钱。你要用心寻找真正'必要'的东西，只有这样的东西才值得花钱去买。把这样的东西买回家，心里才会感到满足，也不会再有想买其他东西的冲动了。"

有道理！买"必要"的，而不是"想要"的。这条法则也适用于日常购物。

我接着问："那你觉得作为有钱人最大的优势在哪里？"

他如此回答："有钱人最大的优势在于选项更多。比如买车，如果你只有十几万，可选择的余地就很小，可要是有上百万，可选择的款式就多了，因为大多数的款式都买得起。

不过'选项多'既可以说是好事，也可以说是坏事。如果能选择的东西有限，那就没什么可犹豫的，要么选这个，要么选那个。选项越多，烦恼也就越多。而且我前面也说了，你还得有意识地选择'必要'的东西，这可不容易啊。要想在众多选项里挑出自己真正需要的东西，找到能让金钱的价值发挥到极致的东西，大量的学习必不可少。以后能不能跟钱搞好关系，就看你能不能摆正心态，享受学习的过程了。"

手里的钱越多，需要学习的东西也就越多，我

们要面对的烦恼也会相应增加。为什么烦恼会变多呢？因为你能选择的花钱方式更多了。

最后，朋友这样说道："我一直认为，钱的最佳用途是投资未来。"

在本章中，我将与大家深度探讨金钱和时间的使用方法。

把控消费、投资、储蓄和浪费的平衡

在我看来，钱的用法可以大致可以分为四类，分别是消费（比如购物、缴费）、投资（理财）、储蓄（把钱存在银行里）和浪费。

看到这里，也许有人会问："浪费也算吗？"我可以明确地告诉大家，算！一分钱都不浪费当然是最理想的情况，但我们毕竟只是普通人，都有七情六欲，很难完全杜绝浪费。既然是这样，那还不如一开始就把浪费算进去呢。

花钱的诀窍就在于把控这四类之间的平衡，比较理想的配比是6（消费）：2（投资）：1（储蓄）：1（浪费）。下面就让我们逐一分析这四大板块吧。

所谓“消费”，就是日常生活的必要开支，涉及衣食住行的方方面面。主要包括伙食费、水电燃气费、房租（房贷）、家具与日用品费、服装费、保险医疗费、交通费、通讯费、教育费和娱乐费等。

你知道自己每个月要在这些项目上花多少钱吗？以前只要保留小票和单据就能把账算明白，但随着电子货币和信用卡的普及，要想清楚地了解自己在哪些地方花了多少钱好像变得越来越难。

“消费”占收入的60%左右是比较理想的情况，一旦超过80%，就得多加小心了。假设你每月到手收入为人民币2万元，那么消费最好控制在1.2万元以内。到手3万元的人就是1.8万元以内。这个数字包含了房租（房贷）、水电燃气等开支，应该还可以接受吧？

如果你觉得自己的钱没有用在刀刃上，不妨先梳理一下自己的消费情况，做一次自我评估。

了解自己的“消费”十分重要。如果你总是觉得自己入不敷出，那很可能是因为你的某项消费相对于你的收入来说太高了。也许是房租（房贷）太高，也许是在餐厅吃饭的次数太多，或者是化妆品、服装上的开支太大。

不用算得很精确，粗略分析一下就会有所发现。

再来看一下“投资”。我对投资的定义是“通过花钱，为在将来获得某种积极的回报”。投资大致可以分成两类。

一类是“为学习与成长服务的自我投资”。比如买书、提升技能、保健、尝试新的东西等。在某些情况下，旅游度假也算投资，你可以将其认定为必要的开支。不过请大家注意，“投资”必须满足“有回报”这一前提条件。

另一类是“以增加资产为目的的投资”，比如购买基金、股票等。

两项投资的总和最好控制在收入的20%左右。如果你有某个明确的目标，想要潜心研究，朝着目标迈进，那么把这20%都投入到学习投资中也无妨。

“储蓄”就是把钱放进银行之类的金融机构储存起来。如今利率很低，将钱存入银行并没有太多的收益，不过养成“把收入的一部分拿出来储蓄”的习惯也很重要。储蓄的理想比重大约是收入的10%。

比如每月到手2万元的人存2000元，到手3万元的人存3000元。稳扎稳打慢慢储存，以备不时之需。如果存款与你目前的年收入相当，那就能高枕无忧了。

最后留出10%的收入给“浪费”。

听到“消费”只能占收入的六成，大家可能会觉得不够花。但预算里包括了10%的“浪费”，还留出了自我“投资”的钱。仔细想想，可行性还是很高的，不是吗?

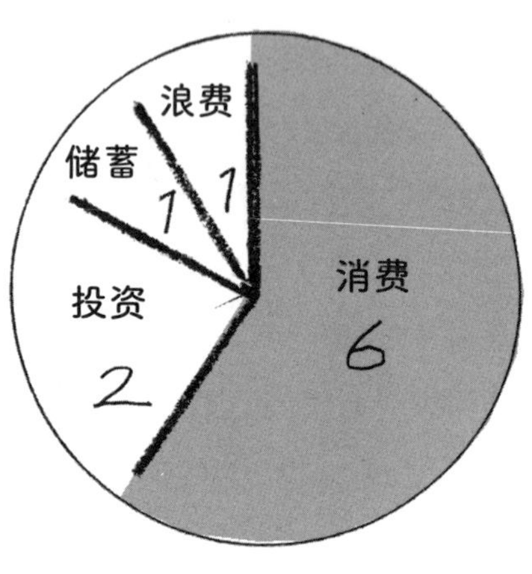

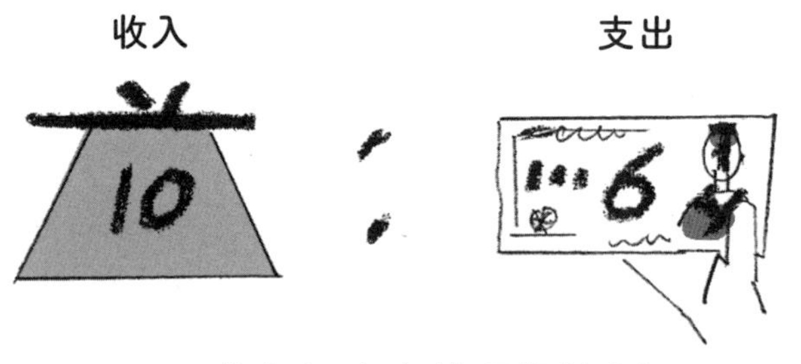

收入与支出的理想比例

关键是先搞清楚自己在什么地方花了多少钱。如果你不了解自己的开支情况，不妨先把开支分成上面这四类，数字不用很精确。也可以参考我给出的配比，试着调整自己的花钱模式。把6：2：1：1当作“预算”，有意识地控制每月的开销也是个好办法。

时间的“消费”与“投资”

再聊聊时间吧。时间的用法也可以分成三大类：消费、投资和浪费。时间没法储存，所以少了“储蓄”这一项。

时间的分类并不像金钱那样容易。

以睡眠时间为例，如果你只是随便躺下来睡一觉，那就是“消费”。但要是用心创造良好的睡眠环境，通过睡眠恢复体力，振奋身心，那也能算作“投资”。

进餐时间也是如此。吃得匆匆忙忙，只是为了填饱肚子，或者边玩手机边吃饭，那就是纯粹的“消费”。但如果花时间品味自己想吃的东西、享受营养均衡的美食，就可以算作“投资”。

换句话说，一段时间是算“消费”还是算“投资”，取决于你对待时间的态度，取决于你自己。工作时间也不例外。不情不愿地工作肯定是在“消费”时间，可你要是在工作的同时琢磨怎么做更高效，怎么做才能把事情做得更好，那就是不折不扣的“投资”。而用好时间的关键，就在于增加“投资”的比重。

时间也可以被“浪费”。发呆放空，回过神来才发现时间已经过去很久了。上上网，打打游戏，一眨眼，大半天没了。不情愿地参加聚餐，心不在焉地应酬……这样的时间都属于“浪费”。

“浪费”时间和“浪费”金钱一样，并不一定是罪过。偶尔发发呆也无伤大雅。只要你在发呆之前是专注的，有“觉得累了想要休息一下”的意识，那发呆的时间就能算作“投资”。

用好时间的关键在于充分认识到“自己在用这段时间做什么”。浪费时间太容易了。正因为容易，才更需要端正态度。对时间的认知水平将在很大程度上左右你的人生。

将“浪费”控制在收入的 10% 以内

让我们再深入探讨一下金钱的“消费”与“浪费”吧。只要把握好“消费”与“浪费”的度，金钱就会变成你的好朋友。

先看“消费”。在日常生活中，我们每天都需要“消费”。

所谓“消费”，就是日常生活所必需的衣食住行的开支，具体包括房租（房贷）、水电燃气费、伙食费、通讯费等。如前所述，“消费”占收入的 60% 左右是比较理想的情况，超过 80% 就要想办法控制了。

至于“浪费”，说白了就是花钱买享受。人人都可能会屈服于欲望而冲动消费，有些人甚至会不计后果地挥霍。

我并不认为“浪费”一无是处。正在用的手机还没坏，买个新手机似乎会比较浪费钱，但如果新手机能够让你活力焕发，以更好的精神面貌投入工作，那这笔钱就没有白花。

购买心仪已久的物品，享受美味的食物，出游散心……这都是可以让自己振奋起来的好办法。既然是有回报的开支，就不用刻意削减。

不过，“浪费”就好像偶尔品尝到的稀世佳酿。天天喝显然会破坏平衡，对身体没有好处。偶尔一次倒是无妨，但天天“浪费”可万万使不得。

我们一定要认识到自己的“浪费”行为，无论金额多少。一时冲动买了一件自己看中的衣服，却发现总也没机会穿。要是你能在这个时候意识到自己“浪费”了钱，那就等于交了一笔学费，下次自会更加小心。但你要是没有这个意识，放任自我，“浪费”便会淹没在“消费”之中。你永远都察觉不到它的存在，也就永远无法将“浪费”消灭干净。

随手花钱是常有的事。下班回家在便利店顺手买罐啤酒，路过网红面包店忍不住走进去看看……如果这样的行为能让你得到片刻的喘息，能为你带来快乐，那当然是好事一桩。可要是下意识随便买的，那还是想办法改一改吧。

为了便于理解，可以**把收入的10%作为“浪费”的预算**。如果你总是意识不到冲动购物、随便乱买是一种“浪费”，就会把它们当成“消费”。但提前设定好自己的“浪费”预算是多少，便会产生妥善管控的意识。

跟金钱打交道就和交朋友一样，偶尔提点无理要求关系还是能够维持的，可要是认定对方的无限包容是理所当然，成天厚着脸皮提各种无理要求，再亲密的朋友也会离你而去。

我曾听出租车司机说过这样一桩趣事：东京港区的南麻布是远近闻名的高档住宅区。司机在那边接到了一位要去羽田机场的客人。司机问："要走高速吗?"乘客一口回绝："不用。"走高速需要额外支付过路费，但能相应节省一些时间。不过这位乘客本就是提前出门，即便不走高速也来得及，节省时间对他来说并没有太大的意义。换句话说，过路费对于这位乘客而言是一种浪费。

司机笑着说："这样的客人可多了。"我听了倒十分感慨，心想有钱人果然都有花钱时细细斟酌的习惯，不会把钱浪费在没有意义的地方。

"消费"与"浪费"有着千丝万缕的联系。充分理解"浪费"，是巧妙运用金钱与时间的第一步。

货比三家，不花冤枉钱

我已经修炼到了“从不冲动购物”的境界。这固然是因为我生性谨慎，但更重要的原因在于我在美国度过了一段需要为了明天的生计而工作赚钱的日子。

哪怕是出门旅行或者置身于容易兴奋的场合，我也会提醒自己“家里好像有类似的东西”，扪心自问“这种东西什么时候才能用上呢”，让自己冷静下来。

当然，我年轻时也会一时冲动买下合眼缘的东西。然而，栽过几次跟头之后，我便意识到那种“想要”的感觉总是转瞬即逝的。有时候，我甚至事后都想不起来自己当时为什么会动心。

反省过几次之后，我就养成了遇事先冷静下来的习惯。“这种情况以前也发生过！”“我现在只是一时激动！”几年下来，我便告别了冲动购物。

最近我更是“变本加厉”，哪怕是真的非常想要的东西，我也不会立刻下手。因为我意识到，商品的售价并不统一。

同样一双鞋，这家店卖 1000 元，换一家店也许就不是这个价格了。可能卖到 1200 元，也可能只卖 800 元。只要货比三家，挑最便宜的买，就能让我们手中的钱发挥出最大程度的效用。

很多人都没有货比三家的习惯，听到店员说“这款卖 ×× 元”，就立刻掏钱走人。我们首先要认识到，价格是可以“选择”的，并非统一不变。

看中某件东西以后，我会先去收集相关信息。如今只要上网搜一下，就能查到各个商家的售价，而且查起来也不费事。这叫精打细算，而不是盲目的节约。

酒店的房费和机票价格也是如此，不同渠道的价格天差地别。购买手表、鞋包等物品之前，也可以先上各大购物网站查一查。如此一来，你便会意识到价格浮动区间有多大了。

只要商品是一样的，如果能用更低的价格买到，性价比自然会相应上升。只要稍花一点工夫就能办到，可惜很多人都没有这样的习惯。

“低价买入”的思路同样适用于金融投资。股价总是在波动，低买高卖就能盈利，可要是买贵了，股价还跌了，那就要亏本了。

看准时机低买高卖，资产便会增长。购物也是一样，挑便宜的下手就是了。

再等两个月商家就会搞促销活动，到时候能打

在网上调查物品的价格

七折——遇到这种情况该怎么办呢？如果想买的是“现在立刻需要”的东西，就不用等那么久。如果你看中的是很耐用的东西，也并不那么着急用，那就可以再等一等。

总而言之，商品的售价视商家而异，请大家**多留个心眼，尽量挑便宜的买**。需要比价的时候，互联网是一种非常实用的工具。

我们还可以通过互联网轻松转让自己不需要的东西。互联网上有很多二手转让平台。除了生活用品、服饰、家具外，还有专门有偿回收二手书的平台，大家不妨把自己不需要的东西放到网上，总能遇见需要它的有缘人，操作起来也并不复杂。

如今，只要我们稍微花点心思，就能找到价廉物美的商品，处理掉自己用不上的东西。千万别嫌麻烦，也别犯懒。

用最便宜的价格买到自己想要的东西是“明智”

而非“吝啬”。两者的区别在于，后者只是单纯地寻找并购买廉价的产品，而前者则是以更低的价格购买同一款产品。吝啬会降低你的生活品质，但明智的购物却不会。

节省开支、减少不必要的浪费固然重要，但日常生活的必需品还是无法节省与减少的。现在我基本上只买自己想要的、必要的东西。

不过购物是永无止境的，我平时一直都会思考，怎样花钱才是最明智的。

只买“亲眼确认过的东西”

想要把钱用在刀刃上，方法有很多，其中有一个非常简单的方法，就是**只买“自己亲眼确认过的东西”**，就这么简单。

今时今日，无论你想要什么东西，都能在网上找到。既能看到商品的照片，也有详细的产品说明，还有很多人写的评论，这会让人产生“我已经仔细斟酌过了”的错觉。“我研究过了，已经很了解这款产品了，买吧。”想到这里，轻轻点击一下就下单了……

可问题是通过网络得到的信息只是“相对接近正确答案”而已，准确性并没有保障。也许你看上的包比你想象得要重，也许拉链拉起来并不顺滑，也许皮料的触感不太舒服…… 可网上的信息并不会告诉你那么多。

只有用自己的双眼亲自确认过的，才是真正的实实在在。

亲眼确认过再买也不是万无一失。在使用的过程中，你可能会发现产品的某些地方设计得不太方便，或是容易破损。但这件产品如果是你亲眼确认过，觉得中意才买下的，即便用着用着感到不顺手，那也是宝贵的经验。就当是为了磨炼“眼光”而交的学费吧。

我自己也在花钱这条路上栽过很多跟头。回想那些失败的购物经历，究其原因就是没有亲眼确认，绝大多数失败都可以归咎于此。

我们生活在一个充满诱惑的时代，到处都是引诱我们花钱的方便工具。大量有用或无用的信息与知识通过智能手机和互联网源源不断地输入我们的大脑。

假设商家推出一款新跑鞋，世界一流的赛跑运动员穿上它便能连创佳绩。大家都说，只要穿上这款鞋，你的脚一碰到地面就会跟弹簧似的反弹，让人自然而然迈出下一步。厂商大肆宣传，说它是多年研究的成果。顶级运动员自不用说，连普通的长跑爱好者都对它赞不绝口……频繁接触到这样的信息，你就会在不知不觉中产生错觉，认为自己很了解那款鞋，于是便会下单购买。谁知穿上鞋跑了两步，却不是想象中的那种感觉。

媒体和商家的网站上总是写满了各种描述自家产品的信息，有视频和照片，还有买家的评价，试图全方位证明自家的产品质量过硬。而接触到这些信息的人无疑会被勾起购买欲，不亲眼瞧瞧就一键下单。这在当今社会已经成了司空见惯的事情。

一键购买日常用品倒是方便得很。可你一旦习惯了这种购物方式（花钱方式），无论是在投资（包括学习深造与发展兴趣爱好）还是某种意义的浪费上，你都会轻轻一点，迅速买单。

我也有过这样的经历。当然，这样花出去的钱不一定都会以后悔收场，只是没亲眼确认一下就急急忙忙下单往往会更容易栽跟头。

千万不能为了图方便就跳过关键的步骤。我甚至觉得，正因为我们生活在一个各方面都很方便的时代，经验才更有价值。

随着社会便捷度的提升，根据自己的经验而非他人给出的意见或信息做出决策的能力将变得更为重要。

放眼未来，**我们应该把钱转化成什么？选项之一就是“自己亲眼确认过的东西”**。这一点请大家务必牢记。

只相信亲眼看到的，亲自确认过的，亲自了解到的。明明是很简单的道理，置身于这样的时代大背景下反倒很难做到。

不交给别人定夺，不轻易相信间接信息，再琐碎的小事都要亲眼确认，亲自决策，把钱转化成自己亲自把过关的东西。没有比这更明智的用钱之道了。

如此一来，花出去的钱就能物有所值，而金钱也会更加信任你，聚集到你手中。久而久之，便会形成良性循环。

浪费也是宝贵的经历

在花钱购买物品与体验的过程中，我们难免会马失前蹄，不小心浪费一些钱。但浪费也并不是毫无价值的，因为我们可以通过浪费吸取经验教训。

如果你没有意识到浪费的存在，那就不会吃一堑长一智。但只要你察觉到了，等待着你的就是巨大的收获。

我年轻时也犯过很多错误，也通过错误总结了很多经验。当初应该那样做的，都怪我选了这条路才会碰壁……不断重复这个过程，就能慢慢养成不浪费的好习惯。

现代社会发展出了多种多样的信息工具，方便易用。我们甚至可以说，时代没有给我们留下多少犯错的机会。只要打开手机上的地图应用程序，无论走到哪里都不会迷路。多看买家的点评，多浏览投资论坛上的各种评论，无论是购物还是投资都会变得更加稳健和明智。

我们可以这样轻而易举地接近正确答案，但也正因为如此，“不想犯错”的情绪也会随之变得愈发强烈。于是我们就很难犯错了。多可惜啊，没有什么比不犯错误更可怕了。

是心怀“我可能会失败”的假设，还是认定“我绝不可能失败”？无论你从事什么行业，做什么事，这两种心态所带来的发现与从中汲取的经验教训都有天壤之别。

如果你没有做好“自己有可能会失败”的思想准备，万一遇到了突发情况，恐怕也无法及时应对，甚至有可能接受不了失败所造成的打击。

最有价值的学习莫过于做好承担失败风险的准备。在美国和日本之间来回奔波的那段日子，有一句话给了我迈出下一步的勇气，那就是——**成功的对立面不是失败，而是无所作为。**

这句话的精髓在于，成功与失败都有很大的价值，最没价值的是“什么都不做”。人世间最遗憾的事情莫过于因为过分害怕失败而丧失勇气，沦为一个无所作为的人。

我一生中犯过许许多多的错误，涉及工作、金钱、感情、投资、事业……反正就是各方面都犯过错。

正因为有这样的犯错经历，我年轻时便养成了一个习惯，把自己犯下的错误详细记录在笔记本上，这样就不会忘记了，也能提醒自己不要重蹈覆辙。仔细想想，我甚至可以说是这份笔记造就了今天的我。这也能从侧面体现出失败是成长的催化剂。

我认识的很多著名投资者都说过，自己一路走来犯了很多错。他们表示，那些事说出来太难为情了，很不好意思拿出来分享。但他们都无一例外地认为，正是那些失败才成就了今天的自己。他们还说自己从失败中学到了很多，学到了投资的不二法门。

失败果然是一笔宝贵的财富。它能为我们注入勇气，让我们总结经验教训，为下一次的挑战打好基础。

据说相扑界讲究“八胜七负”。有输有赢，但总体来说还是赢的场次更多，这说明相扑手从失败中学到了经验。能做到这一点的相扑手一定会越来越强。

经济大环境的不稳定性会长期存在，不禁让我们觉得生活也在慢慢失去活力。但正因为大环境如此，我们才更应该主动出击，果断行动起来，不是吗？漠不关心是最不可取的，要时刻关注社会的变化趋势，保持积极进取的心态。

无论是金钱与时间的使用方法，还是工作与人际关系，我们都能通过失败学习，通过失败进步。每一次失败，都意味着你离目标更近了一步。

存钱靠的是点滴积累

正所谓不积跬步，无以至千里。只要坚持每月储蓄，哪怕金额不大，日子久了也能攒出一笔可观的存款。我们的生活离不开存款，金额的多少倒没有那么重要。

储蓄有两大目的。

目的之一是“以备不时之需”。当你因为疾病或其他意外情况而失去收入时，只要手头有一些存款，就能安然渡过难关。可要是毫无积蓄，就不得不借钱了，这将使你的生活变得更加困难。

目的之二，便是实现买房、买车这样的目标与梦想。买大件往往要贷款，而“攒首付”也是储蓄的重要作用。

而且在当今社会，你永远不知道下一秒会发生什么事情。

话虽如此，存钱也绝非易事。怎么样才能把钱攒下来呢？想得太复杂会产生畏难情绪，让人打消存钱的念头，所以千万别多想。

“储蓄”的理想占比是月收入的 10% 左右。不过你要是没有任何积蓄，一上来就存 10% 可能会有些难度。

那就先从**梳理目前的收入和必要的支出**做起，然后推算出自己每个月可以存多少钱。只要摸清自己的收入和支出，存钱就会变得易如反掌——用收入减去支出，将剩下的钱存起来就行。

请大家准备一张纸，逐项写下每个月的各项开销。说白了就是制作一份简易的财务报表。

开支不外乎伙食、水电燃气、住房、日用家居、

年度支出表

	伙食	水电燃气	住房	日用家居	服装	医疗、保险	交通	通讯	教育	娱乐
1月										
2月										
3月										
4月										
5月										
6月										
7月										
⋮										

支出的总计金额

（　　）元

年度总收入 - 年度总支出 = 年度储蓄金额

先确认必要的支出，再制定存款计划

服装、医疗、保险、交通、通讯、教育、娱乐这几项。将每月都有的开销和一年只有几次的开销分开罗列出来。然后再计算每年的总支出。

至于收入，可以先逐一列出每月到手的工资，计算出全年的总收入。奖金不要算进去，看作临时收入。当然，你要是愿意把一部分奖金存起来，那也没问题。

用收入减去支出，便能计算出每月的储蓄金额。如果一切顺利，没有意外情况发生，每个月按计划存钱就可以，这是最简单的储蓄方式。只是生活充满了意外，计划可能赶不上变化。实在不行，也不必勉强自己存钱。

关键是鼓起勇气迈出第一步，了解自己每年要花多少钱、能存多少钱。

那么，有多少存款才能高枕无忧呢?

可以先定一个小目标——20 万元。这也不是什么天文数字，可能用不了 10 年就能攒出来了。

有的人可能已经存够了，有的人可能还差一点。从零开始存钱的朋友不妨以此为目标。只要足够努力就能存够，而且这也是一个能让你品尝到储蓄之乐的金额。

达到目标之后，你便会发现存钱也不是什么难事。

有了存款，下一步该怎么办呢？把心仪已久的东西买回家？尝试理财？摆在你面前的选项很多，请借此机会细细斟酌。

拥有一定存款的时候，就是考虑新的选项，开启更有价值的学习的好机会。

存钱的战线拉得越长，你就越能感受到钱的价值。

经年累月慢慢攒出来的钱，花起来必然会小心翼翼。你会自然而然地想把它花在更有意义的地方，花在回报更大的事情上，怎么舍得乱花呢？这就是慢慢存钱的好处。

养成储蓄的习惯之后，下一个目标就是“和年收入相当的存款”。钱的价值全看使用方法，手里有一笔和年收入相当的存款，天塌下来都不怕，人生的选项也会更多。

不逃避数字

在和金钱打交道的过程中，“对待数字的态度”也是非常重要的一方面。数字自带真实性，人难免会产生不愿意看、不想了解的情绪。

举个例子：你感觉自己最近长胖了，却又不想面对现实，于是总也不上秤。几个月后一称，发现体重涨到了难以控制的地步……这种情况再常见不过了。只要每天称体重，你就能在体重失控前调整饮食，也就不至于被不知不觉中多出来的重量吓到。

体重就是一个数字，而数字呈现的便是赤裸裸的现实。与其为体重的增减时喜时忧，不如每天上秤，仔细分析数据。正视现实不逃避，你就会知道自己该怎么做。

人生在世，总有因为暴饮暴食体重上涨的时候，也可能因为生活不规律而生病，进而导致食欲不振，体重下降。为了保证身体健康每天确认体重，其实就是在面对“自己的生活习惯带来的结果”。展现在眼前的数字可能并不总是让人愉悦的，其背后也有你不想看到、不想知道的残酷现实。

正因为数字所承载的现实并不总是美好的，我们才更不能逃避，每天都需要正视。所以才会有人说，最好的减肥方法就是每天称体重。

买了一只股票，每天盯着股价，眼看着股价一天天下跌，整个人垂头丧气，郁闷得再也不想看了——这也是一种失败的模式。逃避数字，只会造成更大的损失。

关于钱，我们平时要重点把控的数字是**收入与**

支出，还有存量与流量。假设这个月花了太多的钱，开支增加了。原因当然是多方面的，奈何心中有愧，不愿意回顾当月的资金流动情况。于是你就两眼一闭，心想“船到桥头自然直”。这也是人之常情。

然而，擅长跟金钱打交道的人都有直面现实（数字）的习惯，就跟每天坚持上秤称体重一样。他们能够接受自己的弱小和不足。

这就叫“不逃避数字”。拿出这样的态度，就能自然而然地掌握跟数字打交道的诀窍。

一位富豪朋友告诉我，他买东西一定会货比三家。通过比较，也许会发现这家比那家便宜一半。可明明东西长得一样，为什么价钱差那么多呢？他就会去研究背后的原因。“买最便宜的”绝不是他的最终目的。

选择性价比最高的，也能体现出“不逃避数字”的态度。

数字所呈现的结果有好有坏。结果越是糟糕，就越是要认真审视数字，思考背后的原因，考虑现在需要做什么、还需要改进什么，并迅速行动起来。在最坏的情况发生之前采取对策。这是放之四海而皆准的法则。

很多人都有每年体检的习惯。每一项检查的结果都会以数字的形式呈现，医生根据数字给出诊断。然而理财不比体检，一年看一次是远远不够的，必须按每天、每周、每月、每季度、每半年、每年这样的周期去把控。这是理财的基本思路，与维持健康的体魄有着异曲同工之妙。

不要逃避数字。我们需要有意识地去了解资金的流动情况，不过有一点请大家多加注意：直面数字与它们背后的现实，也许会加重“不想让钱变少”的心理，使人走向极端的节约。减少无谓的支出固然好，但节约并不会让钱变多，我们也不可能光靠省钱守住自己的资产。

如前所述，钱的用法可以分为四种，分别是消费、投资、储蓄和浪费。为了保证这四项的平衡，关键在于牢牢把控数字，巧妙掌握用钱的方法，而不是一味逃避数字。

不逃避数字，就会越来越擅长跟数字打交道，花钱的水平也能更上一层楼。

购物既是风险，也是投资

在深入了解金钱的过程中，“风险”是一个绝对绕不过去的概念。什么是风险？大家对风险有着怎样的印象呢？

“风险就跟赌博一样，说白了就是有可能亏钱，所以能躲就躲吧。规避风险才是明智之举。”——肯定有很多人抱有这样的观点，但我不敢苟同。

首先，我们必须清楚地认识到，**风险≠赌博**。风险是可控的。比如说，天气预报说今天会下大雨，这意味着公交车有晚点的风险，打车需要等待的时间也会比平常更久。我们可以多留出一些赶路的时间，以免迟到耽误事。也就是说我们可以人为地控制风险。

而赌博就不一样了，增减好坏都不可控。再进一步说，风险是一种投资，而赌博是在拼运气，两者不能混为一谈。

一味规避风险的人生，就是不做任何投资的人生。我们能投资的不光是金钱，还有时间。通过各方面的投资得到回报，收获喜悦与欢乐，或者感受悲伤与懊恼。什么都不做，那就不可能收获任何的回报。

决定投资时，人们往往会生出贪念，希望自己的投资能够翻 2 倍、3 倍甚至 10 倍。追求高回报，当然要承受高风险。可问题是，高风险的管理把控离不开专业的信息与知识储备。而我们这样的普通消费者根本不可能在生活和工作之余驾驭如此之高的风险。

可我就是想要更高的回报啊……要不就赌一把吧！——本以为自己在投资，不知不觉却变成了赌博。这样的情况比比皆是。

购物时，我总会在心中默念“风险＝投资”。

我希望自己买回家的东西能带来简简单单的小幸福，能让我感觉到实实在在的成长，能为我的生活增光添彩。

怎么买更合算？怎么样才能买到更好的？什么才是更好的？怎么样才能买到？……购物的时候，我总会用心研究，认真思考，从未有过“赌一把”的念头。

风险是投资，而非赌博。这么简单的道理，年轻时却没想明白。倒不是因为不在乎，而是不必要的贪念在作祟。

前路漫漫，必然会充满风险，关键在于如何学习风险，享受风险。别把风险看成需要规避的负面因素，把它看成未来各种可能性的种子，用心把控。

先搞清投资与赌博的区别，在购物和投资的时候要有意识地判断自己在往哪个方向走。只要做到这一点，你对许多事物的看法、感知模式和决策方法都会朝着更好的方向改变。

构建收入组合

我要靠什么赚钱？——30 岁前，我无时无刻不在思考这个问题。毕竟“想做的”和“该做的”不一定完全吻合，相信很多人都会在这个问题上纠结很久。能否做出正确的判断，也是人生路上的一道坎。

坚持做自己喜欢的事情，不知不觉中就赚了很多钱——这样的成功故事时有耳闻，然而在现实生活中，完美结局恐怕并不多见。既然是工作，就必须时刻不忘“性价比”，否则就很难赚到钱，收入也不会稳定。

让收入保持稳定的方法之一就是“构建收入组合”。理财领域有“投资组合”的概念，那我所说的“收入组合”又是什么意思呢？就是开拓多种收入渠道，不管你是自由职业者还是公司职员。如此一来，就算其中的一条路被堵死了，至少还有别的路可走，心态也会更从容一些。

把喜欢的工作和能赚钱的工作组合起来也是不错的选择。即便已经有了一份稳定的工作，也不能安于现状，要勇于挑战新事业。

假设你今年 45 岁，在一家公司当科长。勤勤恳恳工作了 20 年，眼看着就要升职当部长了，公司却告诉你，提前退休候选人名单里有你的名字……现实生活中不乏这样的例子。如果没有提前做好准备，一旦面临这样的情况，就会不知所措，走投无路。

明智的有钱人都会有意识地多开拓一两条收入渠道，以防万一。渠道 A 行不通了，至少还有渠道 B 能用，情况也不至于太糟糕。

好比北野武老师，“谐星 Beat Takeshi（彼得武）”是他的 A 渠道，“电影导演北野武”则是他的 B 渠道，他还有 C 渠道——“落语[1]家立川梅春”，只是公众不太知道罢了。

当然，我也不知道北野老师具体是怎么打算的，不过像这样做好两手，甚至是三手准备，就能游刃有余地应对危机，享受人生的方式也会变得更加丰富多样。这样的人应该更容易在喜欢的工作和能赚钱的工作之间找到平衡点。

擅长和金钱打交道的人通常都有巧妙的收入组合。 毕竟什么工作都不可能永远一帆风顺，同步推进两三份工作以备不时之需也许是他们这个群体的常识。

其实我也一样。我之所以能在本职工作中耐心地推进大规模的项目，也是因为我还有其他工作带来的一些收入。有很多份工作处于现在进行时，哪怕其中一项完全不赚钱，也能靠别的工作获得收入，

1 日本的传统曲艺形式之一，类似于中国的单口相声。——译者注

不可能全部停摆。

即便是公司职员，也可以投资金融产品。而且现在有越来越多的公司允许员工兼职或开展副业，开拓另一份收入的难度已经不像以前那么高。即便是个人，也能通过各种社交媒体向全社会发布各类信息，从而获得一些收入。

正因为我们置身于这样一个便捷的时代，拥有第二张、第三张面孔才能在各个层面起到规避风险的作用。

如果你不懂得未雨绸缪，本职工作（A 渠道）一旦陷入瓶颈，你不光会失去收入，心态也会完全崩溃。时刻不忘危机感，告诉自己“现在的职位和收入随时都有可能消失”，提前开拓其他收入渠道，给自己留一条后路。

可能这条路暂时不会有钱赚，不过可以做点其他喜欢的事情，至少能赚点生活费。等这条路走上正轨，说不定就能有一番成就——只要抱着这样的心态不懈挑战，无论遭遇怎样的危机都能顺利化解。

那么B渠道要怎么开拓呢？已经有了B渠道的人要如何开拓C渠道呢？你现在缺的是钱，还是成就感？请大家仔细思考这些问题，构建自己的收入组合。从今天开始行动，循序渐进，播撒成功的种子吧！

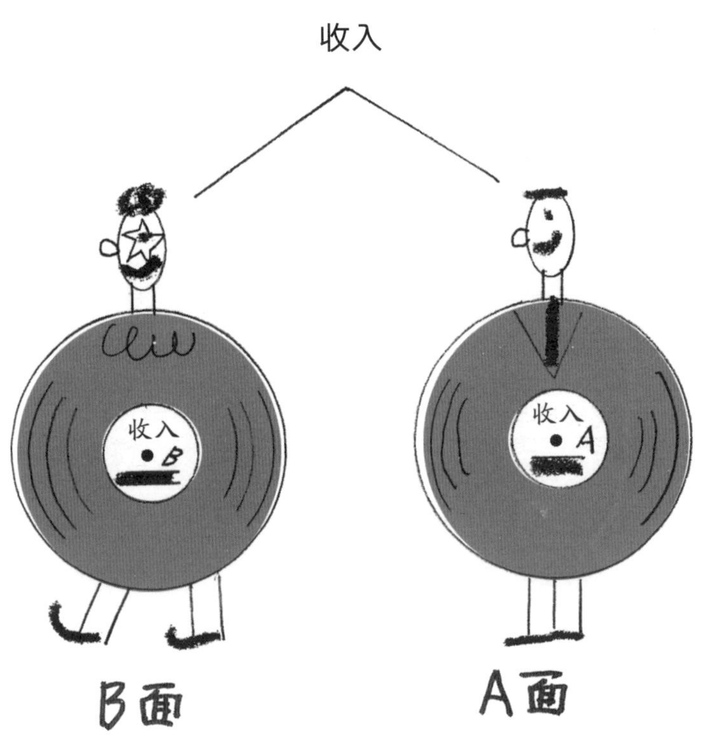

拥有两个收入来源

用小力量实现大梦想

我做过很多年的自由职业者。虽然目前任职于企业，身份却是参与经营决策的管理层。换句话说，我没有做“雇员”的经验。不过二十多岁时遇到的一件事给我留下了深刻的印象。

当时，我听说一位朋友决定辞职创业。周围的人都替他捏了把汗，他却斩钉截铁地说，他有信心能在独立创业后赚更多的钱。因为他的销售能力很强，假设他每月到手的工资是 30 万日元，那他为公司贡献的营业额就是 3000 多万日元，足有工资的 100 多倍。就算没有公司的信用背书，也失去了公司的设备，他也不认为自己挣不出这区区 30 万日元。

听完这番话，我觉得很有道理。任职于企业时，哪怕你创造了数百万、数千万日元的销售额，这些数字也不会直接反映在你的工资上。

诚然，公司有信用，有实实在在的业绩，还为你提供了办公室和电脑等设备。但那位朋友把这些因素都算上，还是认为自立门户能创造更高的收入。如果一定要在“企业”这样一个组织里工作，那就得自己当老板，否则就不划算。

从事自由职业也许很难积累起社会信用，收入也不稳定，但发展空间很大，可谓潜力无限。**充分运用自己精通的知识，以自己构筑的信用和人脉为杠杆，独立创业，这何尝不是一条行得通的路呢？**

这条路肯定不好走，但朋友还是做出了自己创业当老板的决定。从那之后，他总是怀着无限的热情投入到工作中。

在谈及“在工作中活出自己”时，大家往往会侧重于“自己是否喜欢这份工作”，或者“这份工作是否适合自己”。然而，这并不是能够轻易得出结论的问题。与其纠结“喜不喜欢”“适不适合”，还不如把精力放在手头的工作上。

专注于“做起来感到开心的事”，而不是“自己想做的事”，日积月累，“能做的”就会变成“擅长的”。随着经验的积累，“擅长的”还会发生进一步的质变。若能建立起这样的良性循环，工作就会变得越来越愉快。要是认定“我什么都不擅长”，闷闷不乐，却疏忽了眼前的工作，那么“擅长”二字就会离你越来越远。

选择工作方式的权利掌握在我们自己手中，工作方式本身也没有绝对的好坏。无论身处何地，都能在工作中活出自己。

长久以来，批量录用应届生、终身雇佣制是日本商界的常态，所以很多人会在自己入职的第一家公司干到老。这也导致了企业人员的流动性很低。

有些人哪怕不喜欢现在的工作单位，觉得自己不适合现在的工作，对于“换工作”这件事也会表现得比较消极。还有很多人这么安慰自己：“工作嘛，只能咬着牙坚持下去。”

殊不知，身边其实充满了很多改变工作方式的机会。

未来的工作方式将日趋多样化。现在看起来稳定的工作，也许过几年就不稳定了。由于经济大环境长期低迷，前景不甚明朗，很多企业也逐渐失去了活力。

为了干出一番事业，我们有时也需要大胆挑战。不过挑战不等于赌博。嘴上说“我要在新工作上赌一把”，却没有任何准备，凭一时的冲动碰运气……那等待着你的绝对不会是成功。无论你是企业员工还是自由职业者，都要不断思考自己现在能做什么。

我们将迎来“用小力量实现大梦想”的时代。到时候，赚钱不过是水到渠成的事情。

访谈　我的工作经历 ❷

在卖书的工作中找到自我

二十多岁的时候，我的卖书事业正式起步。那时我住在旧金山，每逢扔可回收垃圾的日子，我就会一大早去居民区转转，把大家扔掉的书捡回来，上街摆摊。这就是一切的开始。当时有很多人做这种生意，我也是观察来的。

旧金山的黄页可以查到每个地区扔可回收垃圾的日子，于是我就照着上面的信息，起大早去相应的街区找那些看起来能卖出去的书，拿到街边摆个小摊儿。一般都是傍晚出摊儿。

因为白天摆摊儿会挨骂的呀。卖的都是些捡来的东西，搞不好有些摊主卖的是偷来的赃物。

我的小摊儿只卖书。捡书的时候，我会重点挑干净的、状态好的捡。那时我已经看遍了旧金山的书店，大概知道什么样的书会有销路，所以捡书的时候也会注意专挑那类书捡。

然而刚开始摆摊儿的时候，书完全卖不出去。我的书都只卖1美元，但路过的人根本不感兴趣，看都不看就走开了。可我是真的很想把书卖掉啊，不然还得打包收摊儿，把沉甸甸的书再带回家去。旧金山是一座坡道很多的城市，扛着书走来走去实在是太累人了。

于是我开始苦思冥想，怎样才能把书卖掉呢？呆呆守着摊儿肯定是不行的。就这么把书摊在地上，怎么可能卖得出去呢？无论做什么事，都得要有自己开动脑筋想办法的决心和意志，否则肯定办不成。所以我做的第一件事就是用心对待自家的商品。我找来一条床单，铺在地上，把书整齐地摆在上面，就好像在卖珠宝首饰一样。渐渐地，路人便对我的小摊儿产生了兴趣，一边心想着“这人在卖什么呢”，一边开始往我这边打量。

而我会有意识地跟看过来的人打招呼，微笑着对他们说“Hello（你好）”。久而久之，就跟几个经常路过的人混熟了。

又过了一阵子，甚至有人主动跟我搭话了。“为什么来卖书呀？”“你是哪里人啊？”“你多大啦？”……打听什么的都有。我用磕巴的英语尽力回答，他们也愿意回我一句“这样啊”“有意思”“加油哦”什么的。

等到下一次见面的时候，他们往往会说：“今天在你这儿买本书吧。哪本好看啊？”倒不是因为看中了书，而是因为跟我有了交流。我渐渐参透了做生意的基本原理，那就是“消费者并不只是为了商品而付钱”。

我身边有很多竞争对手，而且能够出摊儿的时间很短，只有傍晚到晚上的一小会儿。怎样才能在这么短的时间里让人痛痛快快地买走自家的东西呢？怎样才能把货卖出去呢？我每天都在拼命思考这些问题。

无论你卖的是书还是苹果，原理都一样。只有让顾客对你产生兴趣，才能把东西卖给对方。这时我意识到，原来我还得让顾客中意我这个人，我也是商品的一部分。

就这样，我慢慢感受到了做生意的乐趣。“下次这么办好了！”“我想把这本书卖出去，那今天的摊儿就这么摆吧！”……新的创意源源不断地浮现在脑海中。

从 1 美元到 1 万美元

旧金山是一座文学之城，遍地都是爱书之人。我发现常有路人停下脚步看我摆出来的书，可左看右看都没有中意的，于是我就主动跟他们聊。其中有一个人告诉我：“还不是因为没找到想要的吗？我倒是很愿意在你这儿买的。”

我问：“您在找什么书啊？”他报出了书名。因为我白天都泡在书店里，一听就知道那本书在哪家店有卖。我忙问：“您愿意出多少钱呀？”他回答：“5美元吧。”

旧金山的书店门口一般都有特卖区，货架上的书都卖1美元。其实特卖区也能淘到不少好书。如果能在特卖区找到顾客想要的书，那不就能赚4美元的差价了吗？于是我告诉他：“那您明天再来一趟吧，我去帮您找找。”第二天，我去了一趟书店，花1美元买下那本书，等那位顾客来了就递给他说：“找到啦！”

白天去每家书店的特卖区看一看，记住书架上都有哪些书，晚上在自家的地摊儿上“接单”。开启这种模式之后，我的生意越发红火了。

日子久了，我便摸清了顾客的需求，知道大家在找什么样的书，愿意为什么样的书买单。

不知不觉中，我从一个路边的小摊贩变成了“书商”。摆在面前的书只是装饰品，没有人会买的，真正要卖的东西都装在包里，这路边摊儿摆得跟商家的展厅似的，向顾客提供的是个性化的服务。

渐渐地，我在爱书人之中闯出了名气。大家都说："想要什么书就找他，他准能给你找到！"还有人大老远来找我，问："我想找本书，你能找到吗？"我反问："得看是什么书了，您想找什么啊？"对方递过来一张纸条，说："叫这个名字。"我接过之后说："好，那我帮您找找看。"然后再想办法淘来，如此这般。

我觉得帮别人解决困难是一件特别有意义的事情。"我特别想要这本书，可就是找不到啊！"——遇到这样的客人，我一定会尽力帮忙。在这个过程中，我找到了自身的价值。

我一直抱着这样的工作态度，至今不变。在别人无能为力、不知所措的时候伸出援手，尽我所能予以帮助。这就是我想为之奋斗的事业。

于是，我从1美元起步的生意做到了10美元，再到100美元，1000美元……最后甚至卖出了1万美元的珍本。

那时我卖的已经不是特价区淘到的书了，而是用心寻找后以合理的价格采购来的书。毕竟1美元的书最多只能卖到10美元左右。

我之所以能做这样的生意，多亏长久以来的点滴积累攒出来的本金。把本金充分利用起来，再逐步壮大……眼看着“零成本进货、1美元卖出”的小生意竟发展成了收益高达数万美元的大事业。

卖的东西不一样了，但卖的过程几乎没变。我当时便觉得，做生意的一大乐趣就在于提升客单价。要想提高客单价，光靠货品是不行的，你还得有信誉。

你要让顾客认定你是个有眼光的人，是值得信赖的人，否则就不可能接到这样的业务，而这样的信誉离不开长时间的积累。

实现愿望，前往纽约

在当年的旧金山，我认为自己的找书能力是首屈一指的。当地有不少书商，但我最终成为其中的佼佼者。在这个过程中，我也认识了很多人。在美国打拼了5年，我终于走到了这一步。

然而，旧金山毕竟不是美国的一线大城市。放眼全美，它只是一座地方上的小城市而已。有人告诉我："你要想在这行闯出点名堂啊，还是得去纽约。"于是我搬到了纽约，这跟日本人从乡下搬去东京闯荡是一回事。

论城市规模，旧金山和纽约根本不在一个级别上，市场规模就更不用说了。纽约有来自世界各地的书籍，纽约的书店数量和流动的书籍数量更是旧金山无法比拟的。找书的人和书商也非常多。

每位书商都有自己的专长，有的擅长文学，有的擅长首印本。

大家每天都往书店跑，自然而然就认识了，混熟了之后还会交流一下信息，问问："你在找什么呢？""那本书啊，那家书店有。""多谢，我这就去看看！"一来二去，大家便成了好朋友。

生意刚起步就走上正轨。我主要做艺术类书籍和珍本。对富人来说，拥有这样的书就是一种身份的象征，所以总能卖出好价钱。

“我买了套新房子，想弄个书柜，你能帮我找些书放在上面吗？”——客户有时会提出这样的要求。一个人找不了那么多书，所以我会和朋友们分头行动，发挥各自的专长，高呼：“好嘞！咱们一起找一批最棒的书来！”每天都过得无比快乐。

我之所以能投入到这个地步，纯粹是因为我觉得做生意太有意思了。我毕竟是辍过学的人，难免会有一点自卑。做建筑工人的时候，我是一个连名字都不配被记住的小人物，只能每天站着等人派活。有什么事别人也只是喊一声“喂”，说一句“叫你呢”。

可即便是在体力劳动的世界里，只要你足够努力，就能积累起信誉。“那小子做事踏实，为人牢靠。”——有了好名声，我便成了“抢手货”。就是那一份欢喜，为我的职业生涯奠定了基础。

不管是在旧金山还是在纽约，我都没有为“自己到底想做什么”而烦恼过。我总是利用一切可以利用的机会，为顾客送上欢乐，争取他人的认可。“你好厉害呀！”“谢谢你啊！”听到这样的夸奖，我就会心花怒放，暗暗发誓下一次要做得更好，周而复始。

所以，我并不是一开始就想做书商的，只是为了生存碰巧做起来的生意得到了大家的认可，于是就做得更起劲了，仅此而已。

第三章

投资与管理——资产增值之道

人生中的第一笔投资是去美国旅行

自己的钱该怎么花？怎样才能让钱发挥出应有的价值？用这些钱做什么？到了一定的年龄，手头多少会宽裕一些。也许是收入增加了，也许是想要的东西不像以前那么多了。也可能是用钱的地方少了，不再觉得钱不够用了。

这个时候，“投资”是个不错的选择。总有人认为自己与投资无缘，认为投资就会亏钱。其实我们大可把投资看成一种让资产增值的方式，探讨一下投资的可行性。

当然，投资基金、股票并非稳赚不赔，不过投资有很多种形式。**我们可以把投资看成是一种营养补给。说投资就是“学习”也未尝不可。**

学英语、旅游、看书、看电影、接触艺术、人际交往、体验新事物……期望收获经验与成长的自我投资，也是一种再好不过的投资。

最有价值的投资，莫过于为自己注入营养，收获经验与成长的自我投资。这样的投资可以丰富你的精神世界，帮助你进一步成长。经验能带来知识，丰富情感，人际关系也会因此变得更充实，连收入都有可能随之增长。

现在回想起来，我人生中的第一笔“投资”就是20岁前的美国之旅。当时我并没有给自己“投资”的意识，只是想通过这次旅行让自己更上一层楼，认为旅行的经验一定会让自己实现蜕变。

其实，这就是“投资”的心态。直到今天，这场投资仍未结束。

我们每一个人都会在不知不觉中进行自我投资。大家不妨站在投资的角度重新审视自己平时随意做的一些事。只要有了投资意识，你的目的就会更加明确，得到的结果也会明显不同。你有没有尝试过带着投资意识去做一件事呢？正确的投资自会带来理想的结果，一旦打造出这样的良性循环，你的投资便会转化为滋养人生的养分，新的投资方向也将呈现在你眼前。

就像前面所说的，我建议大家把月收入的20%用于投资。当然，你也可以自己决定要用多少钱“补充营养”，不要超过合理的范围即可。可以是1000元，也可以是3000元。最好设定成丢了也不心疼的金额。

总而言之，先设定一个合理的金额，再抱着投资的意识为自己补充营养，最终收获经验与成长。养成投资的习惯，然后开拓新的投资渠道。其实投资和储蓄一样，重在养成习惯，长久坚持。

当然，投资总是伴随着风险。尝试去学英语，但是没学好，浪费了学费……这样的情况也很常见。不过即便你失败了，亏钱了，也能通过那段经历学到很多东西，这就是自我投资的好处。正所谓吃一堑，长一智。

学习理财

投资是最明智的用钱方法之一，因为它不单单以赚钱为目的，也不是赌博，目的在于让资产增值，同时也能为自己补充营养。

假设你手头有 5 万元存款，你会用它来做什么呢？购买心仪的商品也未尝不可，但“理财”会是一个不错的选择。当你有了更多的积蓄之后，不妨更进一步，试着投资基金、股票等金融产品，开启更有价值的学习。

投资金融产品时，大家遇到的第一个问题很有可能是“如何选择投资对象”。“优秀的投资者是不是很清楚投资什么才能稳赚不赔啊？可我不懂啊，肯定会亏钱吧？”——很多人在这一步就开始惶恐不安了。

在我看来，在选择投资对象时，最不容易出错的方法就是挑自己最熟悉的或者最热爱的领域。我投资的都是自己很了解也非常喜欢的东西。

因为你足够了解，足够热爱，所以能够预测出投资对象今后将如何变化，如何发展。当然，预测也不可能百分百准确，但大方向总归不会错。因为你熟悉它，喜欢它，每天都会下意识地搜集必要的信息，在享受的同时仔细观察。

每个人都会有一两个非常熟悉或比谁都热爱的领域。瞄准这些领域投资准没错。

开始投资之后，要持之以恒，脚踏实地，千万别半途而废。

讲到这里，大家可能会发现：提到自己最了解什么，最喜欢什么，首先联想到的应该就是“自己”。当然，也许有读者会说：“不不不，我一点都不喜欢自己！”不喜欢自己的人肯定是有的，但你肯定是最了解自己的人。所以，请大家牢记，“自己”也是个理想的投资对象。

另外，请大家在理财时关注一下手续费。购买金融产品时，金融机构必定会收取手续费，大家不妨先对比一下手续费。换句话说，不要机构推荐什么就买什么，要多做功课，对比一下各款产品的手续费，用心挑选自己认同的产品。银行和证券机构推荐的理财产品往往手续费偏高，最好多加留意。

如果抱着急功近利的心态去购买理财产品，十有八九会栽跟头。亏钱当然也算是交学费了，可白白亏掉多可惜啊。还是别急于求成，认真学一学与理财相关的知识吧。

上网搜索会计、金融、理财、入门这几个关键词，就知道该看什么书做功课了。刚开始理财的时候，每个人都会犯错，或大或小。为了把损失控制在最小，我们应该先看书，学习最基础的理财知识。

一定要坚持**自己研究，自主思考**。因为急于求成依赖所谓的专家与高手，听别人乱指挥，等待着你的往往就是失败。一定要自己做功课，自己动脑筋。

最开始可以先投入少量的资金练练手。假设存款有 20 万元，第一次不妨先投五分之一左右。不要跟风，也不要盲目模仿别人，但也别走另一个极端，投资谁也没投过的东西。

试着挑出 10 只值得持有 10 年的股票也是个好办法，不买也没关系。值得长期持有的其他金融产品也行。在筛选的过程中，你也会有很多收获。

理财不是立竿见影的，不是前脚投资后脚就能赚钱。好比股票，就应该抱着持有 5 年以上的心态去投资。如果你选择的股票非常优质，终生持有才是最理想的情况。

建议大家每天关注经济新闻，跟踪观察股价、利率、汇率等数据的波动，坚持学习金融方面的知识。

“拥有一定的存款”是一个非常好的时机，不妨趁此机会思考如何把自己的钱花得更有意义，或者好好学习理财的基本知识吧。

投资的回报是体验，也是学问

风险和回报是投资界的两大高频词。

在选择金融产品的时候，对方可能会问："你更倾向于高风险高回报，还是低风险低回报？"但这句话其实存在一定的问题。

我们可以把这句话理解为"如果你想赚大钱，就要做好赔大钱的准备"。可这也太荒唐了吧。因为风险和回报的组合模式不止这两种，"高"与"低"也脱离了投资的本质。

在我看来，投资时刻伴随着风险，然而只根据风险的高低来做投资决策无异于胜败在此一举的豪赌，根本称不上投资。**投资时千万不能根据“赚不赚钱”“能否盈利”做决策，否则一定会失败。**因为投资还有很多重要的意义。

投资的首要意义是学习。我们应该**把投资看作“深入了解投资对象”的绝佳契机，认真收集资料，并且用心观察。**

听到“发财的机会”，几乎每个人都会动心。的确有人运气好，靠所谓的发财机会赚到了钱，但那不过是极少数特例。投机取巧的结果往往是一败涂地。

我认识的投资者都在投资中犯过错误，但是，能从失败中吸取教训是他们的共同点。他们会用好这些经验，持续投资。

投资时，千万不能对收益抱有太高的奢望。好不容易投一次，想赚钱是人之常情，但世界上没有那么多天上掉下来的馅饼，要想让资产增值谈何容易。

一般来说，年收益率能达到 5% 就很不错了，称得上是成功的投资。10% 的收益率难得一见，按复利计算的话，相当于 10 年后本金增加一倍以上，但这种可能性微乎其微。收益率超过 10% 的投资产品也不是完全没有，但它的风险也是你无法承受的，几乎与赌博无异。

能够主动把控的才是“风险”。增减好坏都不可控的叫“赌博”。

投资绝不是“上上下下”的享受。如果你想在 5 年后、10 年后获得稳定的回报，那就更不能被贪婪牵着鼻子走。投资最忌讳贪心——学习和享受风险的诀窍就在于此。

假设你打算投资黄金，那你肯定要多做一些功课。而在投资期间，你也会经历不少考验。

请大家牢记，机会几乎总是以考验的形式降临。是把考验当成纯粹的磨难，还是视考验为机遇，直接决定了你能够收获多少回报。

如果你在投资期间遇到了考验，那就是机会来了。考验的来临，会促使你了解更多关于黄金的知识。于是，你自然会比别人更懂黄金。这就是你的机会。“懂”的价值不可估量。

能否在投资的世界中取得成功，**关键在于你有多了解自己的投资对象**。还有一点也很重要——凡事都得先动手去做。如果你什么都不做，就不会有任何进展。

投资需要量力而行，我建议大家不要把投资当成赌博。真正的投资其实是在培养自己选择的“财富种子”，而且你还能参与到具体的培育过程中。

也就是说，**回报的本质和价值其实是通过投资获得的各种经验**。当然，如果种子生根发芽，开花结果，也会带来金钱层面的回报。

投资的目标不仅仅是赚钱。通过投资学习更多的知识，通过点滴的积累更“懂”某一领域，才是最有价值的回报。

“懂”也是在各行各业取得成功的前提条件。发现优质的种子，用心栽培，认真浇灌，看着它长大开花。等花儿凋谢，你便会拥有许许多多的种子。然后再用同样的方法栽培新一批种子。学习并巧妙地推进这个过程，其实也是一种投资。

好运气要靠自己创造

在工作和日常生活中，我们时常会说“某某运气真好”或者“某某真走运”。不知各位读者的运气如何？你有没有碰巧遇到过一个好老板，碰巧买到过什么好东西呢？

好运会碰巧降临到我们身上吗？意想不到的好事都是碰巧砸到我们头上的吗？

我一直认为，好运的降临基本都不是巧合。所有发生的事情，必定都有其发生的理由，天上掉馅饼的概率太低了。

很多看似巧合的事情其实是当事人自己促成的。当然，好运有时是别人带来的，但促成整件事的契机必定是当事人自己。

听成功人士和取得傲人业绩的人讲述自己的经历，我们难免会感叹他们碰巧在一个合适的时机得到了很好的工作机会，在开拓新业务的时候碰巧撞上了风口，迅速走上了轨道。

这当然是不争的事实。世人眼中的成功者大多得到了好运的眷顾。他们不单是凭实力勤勤恳恳爬上来的，有时甚至会一手缔造奇迹般的巧合。他们之所以能成功都是因为他们受到了好运气的青睐。

可要是把这种现象归结为“运气好”，感叹“幸运的人就是不一样”，那你就错失了学习的机会。

只要仔细观察这类人，你就会发现发生在他们身上的好运气都是他们自己创造的。经常遇到好运气的人存在这样几个共同点：他们的好奇心极强，为人坦诚，会因为发生在自己周围的各种事情产生惊讶与感动。

他们很有强的行动力，一旦对某种事物产生了兴趣，就会立刻凑上去，亲眼看一看。

他们思维灵活，所以遇到新鲜事物时能很快学习并吸收。他们不会搬出“不擅长”“没做过”之类的借口放弃挑战。

换句话说，**他们时刻都在为了解、体验各种各样的事物投资金钱与时间**。而这些决策都是下意识的产物。

他们并没有抱着“只要这样做就能成功”的念头。只是好奇心太强了，所以会下意识地做出反应，想要立刻试试看，立刻去挑战。

在我看来，就是这样的态度促成了种种绝妙的巧合，成为他们的好运气。

很多人抱怨自己运气不好，交不到靠谱的朋友。可我总觉得，是他们没有把时间和金钱用在关键的事情上。

时间和金钱具体要怎么用，决定权在于每个人自己，而人难免会对自己心软。如果不用心思考，终日浑浑噩噩，就会虚度了时光。

不认真思考时间和金钱的用法，人就很难成长起来。时间再充裕，要是全都被用来玩手机了，那也不会有任何收获。

也许有些人会煞有介事地说："我是在用手机收集信息啊。"他们以为只要玩玩手机就能让自己变成某个领域的专家。这样的行为能带来什么样的回报呢？你收集来的所谓信息真的能派上用场吗？

拜智能手机所赐，我们仿佛迎来了一个好奇心可以被轻易满足的时代。可惜手机带来的满足感不过是假象罢了。

假设你对毕加索的画作感兴趣，你可以用手机搜几幅画看看，满足自己的好奇心。但这么做无法让你的好奇心更上一层楼。只有亲自前往美术馆，亲眼鉴赏画作，你才会生出这样的念头：下次想看看那幅作品，想要多了解一些作品的时代背景。如此一来，好奇心才会茁壮成长。不断重复这个过程，巧合便会从天而降。

时间与金钱重在自主把控。用好时间与金钱，培养自己的好奇心，好运就会来敲门。

投资能让自己感动的事物

靠投资基金或股票赚上千万元绝非易事，但是靠创业创造几百万元的收益却不难。

回报率最高的投资就是“自我投资”。创业也是一种自我投资。在这种情况下，你可以清楚地了解到自我投资能收获多少实际的回报。

即使你不走创业这条路，也可以把“自己”看成一家公司。站在这样的角度思考投资与回收资金的策略也颇有趣味。

投资自己的哪个部分有助于壮大“公司”的资

产呢？今后要如何投资才能提升“公司”的业绩呢？——这就是我的思路。

比如，要是我的英语水平再高一点，我们“公司”的前景一定会更好，那就去学学英语吧。有了这方面的经验，以后肯定能派上用场……我就是这样规划的，就跟企业开会商讨经营方针一样。

把自己当成一家公司，客观审视一番，从战略的角度出发，想办法发扬自身的优势与长处。只要能客观地分析自己，你的投资就会收获理想的结果。

为掌握新的知识、考取新的资格证——这样的自我投资也是一种不错的选择。有些公司会为考取资格证的员工发放补贴。律师执照、MBA（工商管理硕士）学位、出国留学也能帮助你找到新的工作，或是让收入上一个台阶。

不过在我看来，**最一本万利的投资是“投资能让自己感动的事物”**。为了对身边的一切怀有好奇心，为了善于发现感动的生活方式而投资。

翻开一本好书，与主人公产生共鸣。看一部悲伤的电影，泪流满面。看一场喜欢的艺人的演出，激动欢呼。去顶级餐厅体验美食和一流的服务。出门远行，体验陌生的文化。

这些点滴的感动，会为未来的硕果奠定基础。

感动的时候，你会产生“想与他人分享这份感动”的冲动。分享的形式可以是见面聊一聊，也可以是写文章、画画、作曲。感动会以这样的形式推动我们前行。

渐渐地，你也许会因为喜欢电影，主动给自己设下每年看一百多部电影的目标，试着写写影评。感动会激发你的斗志，会为你注入挑战新目标的勇气，所以投资感动最划算。

无论你投资的是什么，取得成功的诀窍都是持之以恒。不过当收入减少时，你可能会忧心忡忡，认为现在不是自我投资的时候。因为在这样的情况下，你会认定自己没有余力。特别忙的时候，你又会觉得自己没有自我投资的时间。

但无论身处怎样的局面，我都会尽可能坚持对自己的投资。不惜举债也要自我投资未免太夸张了，但买书、看电影还是可以坚持的，再忙也能挤出时间来。

如果你因为担心钱不够用，或者因为太忙没有时间而停止自我投资，事态就会变得越来越糟糕。因为感动会从你的日常生活中消失。这样省钱毫无意义。

坚持投资让自己感动的事物吧！总有一天，它会帮助你打动他人。与其省吃俭用，让钱停滞不动，还不如让钱流动起来。这样才能让你手中的钱物有所值。重在持续感动，持续行动。

而且要想收获感动，当事人也必须不断学习。一直做同样的事情，感动值只会不断下降。搜集信息也必不可少。要想保持鲜活的心态，就必须主动出击，不能听凭他人的摆布。

坚持投资能给你带来“感动”这一价值的事物，你花出去的钱定会呼朋唤友，再次回到你的手中。在这方面，我对钱还是非常信任的。

没有风险就没有回报

无论你积累了多少财富，都不可能完全杜绝风险。

银行账户里有一个亿也一样，万一银行破产了呢？只要你试图以某种方式增加自己的资产，风险便会如影随形。世上没有一款稳赚不赔的金融产品。我们甚至可以说，没有风险的地方就没有回报。

每个人都想稳稳当当赚大钱。可要是待在家里什么都不做，就不会有奇迹发生。同理，想让资产升值，风险就无法规避。其实仅仅是“持有”资产也伴随着资产贬值的风险，真要彻底规避风险，最理想的莫过于“没有资产”，那岂不是本末倒置了吗？

有些人明明想学英语，却因为过分害怕承担风险不舍得花钱，那就得不偿失了。如果你真想把英语学好，那就应该把钱花到位。否则就请不到高水平的老师，享受不到精心规划的课程，也不会产生认真学习的动力。

想让资产增值也好，想掌握新的技能也罢。无论你打算做什么，都**必须先做好承担风险的思想准备**。

其实，风险也没有大家想象得那么可怕。

风险不仅存在于和金钱有关的领域。我们的人生中存在各种各样的风险。随便想想就能列举出一大堆：大到生病、人际关系上的冲突、失业，小到航班延误、手机出故障、弄丢钱包……生活中充满了各种风险。

风险是可控的，因为我们可以提前预测。只要你做好充分的准备，把控风险就不是痴人说梦。风险不同于结果无法预测的赌博，只要提前准备好，就可以应对。

以生病为例，和生病有关的不外乎住院、做手术、医药费，以及家里要做哪些安排，工作方面的事情要如何处理……这些都能大致预测出来。当然，具体要取决于你生的是什么病，提前做好准备，关键时刻就知道该如何应对了。

至于手机坏了，或者钱包丢了，一般都是突发情况。但我们可以根据以往的人生经验大致总结出应对方法，这样才不至于陷入恐慌。

重大风险的发生必有征兆。生大病之前，身体状态肯定会逐渐恶化。公司裁员之前，你肯定也能感觉到公司的气氛发生了变化。

关键在于能否尽早发现这些征兆，能否在发现征兆后迅速想好对策。尽可能逃避痛苦的现实是人之常情，但有时明明已经隐约察觉到了，却还是得假装没有注意到，听之任之。风险不等于失败，我们应该平静地接受风险，把它们看成人生中常有的小插曲。

风险定能应对。在工作与生活中，风险越大的挑战，事后收获的回报就越大。风险不足为惧。希望大家充分评估可能出现的风险，不断挑战自己。

和各种各样的人打交道

与人相处、交朋友的能力极大地左右着我们的人生。生活幸福的人往往会把金钱和时间花在与他人建立良好的关系上。

也许会有读者说："这不是废话吗？"其实只要站在"回报"的角度去审视人际关系，你就会有不一样的体验。不能稀里糊涂地跟人见面，与人对话。聊什么，和什么样的人交朋友，会对你的人生产生重大的影响。

良友能为你带来好运。他们往往也是工作和金钱的起点。良友可以给你介绍工作，在你需要的时候伸出援手，有时甚至可以帮助你发掘自己的能力和潜力。我也有过在朋友的邀请下挑战新事业的经历。

不过结交良友并非易事，尤其是在踏入社会之后。毕竟工作很忙，很难抽出时间见面谈心。如果没什么要紧事，也不好意思约人家出来。最要命的是我们自己可能会觉得出门见人太麻烦了。

所以我们要先调整生活方式，让自己产生“想跟人见面”的念头。天天窝在家里也许是比较轻松，但还是请大家稍微花点功夫，有意识地多出门见人吧！常有人说，现在有各种方便的社交工具可以用，有事不一定要见面聊。然而，通过见面获取的信息比通过社交工具获得的信息更加丰富、鲜活，更令人难忘。

拿出好奇心，让生活充实起来吧！购物的时候，工作的时候，都要抱着积极的心态，用心发现各种感动。在生活中遇到了种种趣事，你必然会产生想与他人分享、想与他人面对面交流的冲动。

抱怨和吹嘘总是招人嫌的，可你分享的如果是自己去了什么地方，体验了什么样的感动，享用了多么美味的午餐，看了一部多么有趣的电影，大家肯定都很愿意听。**把金钱和时间投资在自己身上，为构筑人际关系奠定基础。**

大家不妨用这样的方式为自己创造条件，促使自己出门社交，不要因为一个人待着比较舒服或者性格内向就宅在家里。人的年龄越大，就越难改变，可要是总不做出改变，你就不可能进步。

更加重要的是，若想结交良友，你自己也需要不断成长。正因为你每天都很充实，看起来总是很开心，而且在不断进步，别人才会期待与你见面，见了这一次还想见下一次。

与朋友分享知识和感动，也需要有一定的沟通能力。应该在什么时候发出邀约？对方愿意聊什么话题？这些都是很有讲究的。没人爱听你吹牛自夸。

即便真有人愿意听，那他肯定也另有所图。

人际关系层面也存在失败的风险。也许有人会因为误解离你而去，你也有可能遭到朋友的背叛。但失败也是宝贵的经验，能让你学到很多东西。下次一定能做得更好。

另外，人际关系也讲究多元化。长辈、同龄人和晚辈，同行和其他行业的人……和各种各样的人打交道，有助于提升人际关系层面的经验值。

坚持投资自己，打造每天都能邂逅感动的生活方式。在此基础上与他人沟通，赢得朋友的信任，朋友们就会给你带来好运。这也是走向精彩人生的方法之一。

不过请大家注意，交友切忌急功近利，不要一开始就指望朋友能给自己带来某种好处。朋友带来好运不过是机缘巧合。而多跟人见面，构筑良好的人际关系，就是在为巧合的发生埋下种子。

常有人用“Give and Take（给予和索取）”概括人际关系，但我会有意识地朝着“Give and Give（主动给予）”努力，然后把对方带来的好运当成意外之喜。

这才是恰到好处的人际关系。

主动打招呼、笑脸迎人——人生基本功不能忘

金钱的用法也好，时间的用法也罢，人生的成败往往取决于微小的细节。就看你是熟视无睹，还是及时注意，用心把握了。

人生由无数的正面因素和负面因素组成。尽可能减少负面因素，增加正面因素，事态就能朝更好的方向发展。道理简单得很，说起来也很容易，但实际操作起来就不那么容易了。

如果你正在为人生不顺而长吁短叹，或者感觉近期状态糟糕，不妨花点时间仔细分析一下自己所面对的两种因素。

我所定义的负面因素包括以下几项：没有面带微笑跟人打招呼的习惯、浪费钱、心情烦躁、笑得太少、不守时、满口抱怨。

有些读者可能会觉得纳闷："这些也算负面因素啊？"当然！因为这些都是人生的基本功，是必须做到的基本原则。

有些人会在觉得很累的时候懒得主动打招呼，有些人会在偶尔心情烦躁的时候拿家里人撒气。不过这并非他们的"常态"，偶尔有个一两次也是在所难免的，不是什么原则性问题，也不是影响很大的负面因素。

不过即便是鸡毛蒜皮的小事，即便频率不高，也要有反省的意识。因为如果长期放任不管，负面因素就会招来更多的负能量，导致你事事不顺。

无论何时何地，无论见到谁都笑脸盈盈，主动打招呼。这并不是什么难事，这样的人随处可见。他们并非不知疲倦的超人，只是**有意识地让自己养**

成了微笑着打招呼的习惯。

成年人不比小朋友，几乎没人会因为“没有微笑着打招呼”而特意批评你。正因为没人提醒，才需要自己去发现问题的所在。

成年人可以自主选择，不会有人干涉。这种状态固然舒坦，但也意味着你只能自律。方方面面都只能靠自查自检。

人生的基本功都非常简单。正因为简单，才容易被遗忘。但是请大家牢记，每一个选择的结果，都会随着时间的推移影响到你整个人生。

打造属于你的人生投资组合

探讨理财时，“投资组合”是一个绕不过去的概念。金融资产领域的投资组合就是将存款、股票、基金、债券等产品组合起来，同时持有，以降低风险，从而获得相对稳定的收益。

构建投资组合的思路也可以应用于收入与人际关系。为了改善未来的生活，引进这套思路也非常有必要。

为了实现美好的未来，我们应该如何构建人生或生活的投资组合呢？

首先，你会挑选哪些“产品（项目）”纳入投资组合呢？换句话说，你在未来的生活中最重视哪些元素呢？答案当然是因人而异的。时间、金钱、工作、人际关系肯定是必选项。此外，还有学习、健康、兴趣爱好等。家庭、旅游、志愿者活动……总之，你可以自由选定想要纳入投资组合的“产品（项目）”。

投资组合的基本思路就是把多个项目组合起来，即便某个出现了亏损，也能靠其他的盈利弥补，从而维持组合的整体价值。人生投资组合毕竟不是真金白银，在脑海中勾勒出大致的概念即可。

至于要选择哪些项目，关键在于**明确自己的人生资产是什么**。有人更看重工作、家庭与金钱，也有人重视人际关系和爱好。

完成这一步之后，再配置每一项的比重。如果工作的比重很高，其他几项的比重很低，万一丢了工作，生活可能就没有了保障。

不过只要把人际关系的比重维持在一定水平之上，它也许就能弥补工作方面的损失。谨慎配置人生资产的比重，确保自己无论遇到什么情况都能以最小的风险挺过去。

假设你构建了一个由工作、家庭和爱好组成的人生投资组合，三项的比重是 5 ∶ 3 ∶ 2，下一步就是**定期检查与调整**。每年都要检查一遍，看看配置是否合理，有没有调整的必要。

每个人都会随着年龄的增长进入不同的人生阶段。所以在一年一度的调整环节，我们要回顾投资组合的运行情况，对失衡的部分做出改动。

孩子大了，家庭开销的占比会相应降低。到了退休的年纪，工作的比重自会下降。到时候，要用什么来填补空缺呢?

如果你去年生了一场大病，健康风险有所上升，那么今后不妨提高“健康”的比重，再相应减少“金钱”的占比。

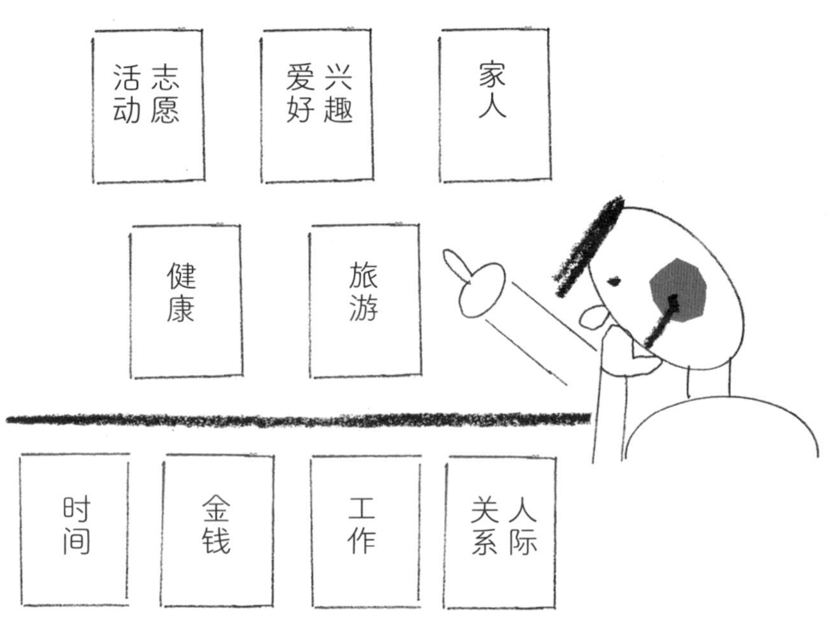

考虑今后的人生中需要重视的事情

和真正的投资组合一样，人生投资组合也要随机应变，维持风险和回报的平衡。

建议大家都试着构筑一下属于自己的人生投资组合。它不仅有助于我们了解现阶段的优先级，更能促使我们客观地审视自己，做出正确的决策。

想增加收入时需要考虑什么

正如我在第一章中所写的那样，如果一个年收入 20 万元的人想让收入上一个台阶，必须想方设法增加为自己感动的人数。人数即市场，感动即创意。要开发市场，必须让更多的人听说你的名字，了解你在做什么。使用博客和推特这样的工具也是个不错的办法。

200 人不可能在一夜之间变成 1 万人。从 200 到 250，再从 250 到 300……这个过程需要很长的时间。

快迈入 30 岁的那几年，我在东京做卖书的生意，主要是把欧美的艺术类书报杂志进口到日本，上门推销，卖给对它们感兴趣的人。

我一般都是先跟客户约时间，去对方的办公室见面。最开始，我会讲讲自己在美国街头卖书的经历，还有国外书店的情况，权当是自我介绍了。客户很喜欢听我说这些。有时候聊着聊着，留给我的会面时间就用完了。

于是我便起身说道："非常感谢您今天抽出时间来见我。时间到了，我下次再来拜访。"听到这里，大多数人都会当场跟我约好下一次见面的时间。等到下次登门时，他们就会痛快地买下我推荐的书。

如果我第一次上门就立刻把书摊在桌上，事情肯定不会这么顺利。人家最多就是感叹一下"你有好多有趣的书哦"，然后就没有下文了。这样卖书肯定是行不通的。

通过讲述自己的经历，我赢得了对方的信任，获得了对方的感动。我就是以这样的方式开拓了市场，业绩蒸蒸日上。

为你感动的人，愿意信任你的人，和你分享喜悦的人……我们要不懈努力，壮大这个群体。这就是我一直以来的生意之道。

40 岁前，我卖过书，写过文章，靠着点滴积累构筑起了信誉，终于在 40 岁时当上了《生活手帖》的主编。然后我埋头做杂志，努力提高杂志的发行量，为那些信任我、和我分享喜悦的人坚持奋斗。

直到今天，我仍未停下奋斗的脚步。明天要比今天做得更好，后天要比明天做得更好，要让更多的人收获感动。这是我始终不忘的信念。

如今有各种各样便利的社交工具可用，说不定以后还会有新的媒体诞生。日常生活中的小事也马虎不得。我们要坚信，脚踏实地的坚持一定会有回报。

投资股票栽跟头的人有一个共同点——期望值太高。假设你花 5 万元买了某公司的股票。投资股票失败的人天天都盼着这 5 万元能在明年变成 10 万元。股价迟迟不涨，他们就会很失望，熬不了几天就卖了。而事实上，**股价上涨 5% 就是非常成功的投资了**。涨 10% 简直是奇迹。

感动也是一样的道理。感动的人数能保持每年 5% 的增长率就很了不起了，**从 100 人到 105 人才刚刚起步**。不过谁能持之以恒，谁就能笑到最后。

访谈　我的工作经历 ❸

我对自己的销售能力很有信心

二十多岁时，我一直在日本和美国之间来回奔波。

当时的日本正值泡沫经济时代，日本企业甚至买下了洛克菲勒中心。许多日本的商人和游客都会来纽约走走看看。我也在那里认识了很多人，卖书之余会打些零工，帮忙带带路，做些简单的辅助工作。在这个过程中，常有人问我："你平时在纽约做什么呀？"

我说我平时主要卖书，还分享了一下自己的经历。他们便说："等你哪天回日本的时候，记得来我们公司坐坐呀！"

回到日本后，我如约上门拜访，还带了几本书当伴手礼。看到我送的书，每个人都会大吃一惊，感叹：

“你是怎么找到这些书的啊？”甚至有人说：“下次再带两本来吧，我掏钱买！”于是下一次回国的时候，我便会主动联系对方，说我找到了这样那样的书。他们纷纷表示要买，还夸我品味好呢。

不知不觉中，我就做起了上门推销的生意。赚到了钱，再飞去纽约进货，飞回日本推销。久而久之，手头的钱就多了起来。

30 岁的时候，我每个月的销售额几乎能有 200 万日元（约合人民币 12.8 万元）。

也许我卖的书更接近艺术品和收藏品，而非普通的二手书，其中不乏开价 5 万日元（约合人民币 3200 元）、10 万日元（约合人民币 6400 元）的珍本。

当年还没有互联网，获取信息不像现在这么容易，所以我靠两条腿走遍了各家书店，研究记录每家店都有哪些书。

刚入行的时候，我一看到珍本就会立刻买下来。因为我觉得此时不出手，书就会被别人买走，到时候就再也见不到它了。

然而，买下的书都会变成我的库存。守着一堆天知道什么时候能卖出去的书绝非上策，而且库存还占地方。于是我调整了策略，等客户提出“我想要这样的书”，我再按照人家的要求去进货。要是能跟书店商量好，直接由书店发给我的客户，连寄送的功夫都省了。这个时候，我意识到了信息的重要性。只要信息在手，就能掌握生意的主动权。

但我毕竟是自由职业者，收入不太稳定。有的月份赚得多，可要是不跑生意，就一分钱都赚不到。要是成本太高，销售额再漂亮也不会有利润。

不过我对自己的销售能力是很有信心的，所以我并不担心未来。如果这桩生意因为某种原因做不下去了，我也可以换一片战场从头再来。常有公司职员忧心“公司突然倒闭了怎么办”“突然被炒鱿鱼了怎么办”，但只要你有勇气重新开始，就不会走投无路。

第一家书店开张

当时，日本赤坂有一家叫“越橘（Huckleberry）”的外文书店。店长是一位女士，名叫马诘佳香。每次回日本，我都会泡在那家书店里。它应该是那些年日本唯一提供咖啡的书店。

这家店也是各种人邂逅交流的场所。设计师、料理研究家、造型师、编辑、音乐家、摄影师……我一直认为，与他们相识、沟通的这段经历，为我之后的人生奠定了坚实的基础。

一天，马诘女士对我说：“店面靠里的位置还有些空间，要不你拿去用吧？”开一家属于自己的店——我做梦也没想到，多年的梦想会以这样的方式成真。

我的书店就这样开张了。店名是“m&co. booksellers”。那是我这辈子开的第一家店，也是我的第一片容身之地。

书店的生意开展得还算不错。多亏了马诘女士构建起来的人脉，而且我自己也做了很多年上门卖书的生意，在业内也算是小有名气了。想当年，二手书商并不是年轻人看好的工作，好在书店一点点做出了口碑。很多人听说书店是个从美国回来的人开的，走进书店的大门，便能看到各种从没见过的好书。而且书店还有幸得到了各路媒体的关注，这让我非常感激。

媒体的报道引起了热烈的反响，除了住在东京的人，还有不少人从其他城市远道而来。后来，“越橘”要停业装修，于是我决定把书店搬去中目黑[1]的一间公寓，改用预约制，这样就能为真正想要买书的人创造静心挑选的环境了。

我的客户以时装设计师、平面设计师、摄影师、编辑等创意工作者为主。不过他们不都是想要买书之人，有些只是出于工作需要来寻找创作灵感。他们经常问我：“有没有什么新玩意儿啊？”我的书的确能为

---

1 东京目黑区的一个地名，是一片精致优雅的街区。——译者注

他们的工作提供帮助，可我总觉得还有缺憾。

于是我关闭了书店，经过一年的筹备，开了一家流动书店。我想，把书店开成拉面餐车那样一定会很有趣，就找了一辆两吨的卡车，货架全部改造成书架，然后摆满各种书籍，开往名古屋、京都、大阪、仙台……足迹遍布日本各地。

我就是想为爱书之人做点什么。

2001 年的时候，我和好朋友在中目黑开了一家名为“COW BOOKS”的书店。那年我 36 岁。

开始写作

与此同时，我开始在卖书之余写文章了。因为我认识了很多人，在跟他们交流的过程中，他们常说：“这些事多有意思，你应该把它们写出来啊！”起初我还推辞，说自己只会讲，不会写。耐不住他们左劝右劝，有的人说：“你肯定能写出来的！”有的人说：“你就写写看嘛！”于是我就开始尝试写作了。

起初跟我约稿的都是免费刊物，所以不是没有稿费，就是稿费非常少。渐渐地，我的文章得到了越来越多人的认可，连杂志的编辑都来找我约稿了。

当然，给杂志写文章有稿费可拿。过了一段时间，来约稿的人越来越多。忙的时候每月要为10个连载专栏写稿，而且还要同步做很多其他的工作。

不过我最熟悉的还是杂志。因为杂志是我经手最多的商品。国内、国外各种类型的杂志几乎没有我没见过的。

19世纪初到20世纪80年代被誉为杂志的黄金时代。我翻看过这段时间的《生活》（Life）、《时尚芭莎》（Harpe's BAZAAR）、《时尚》（VOGUE），知道如何拍出有冲击力的照片，如何排版才能吸引读者的眼球，也了解杂志的所有元素，包括纸张、设计、字体等方方面面。这些知识都储备在我的脑海中。所以，我也知道怎么做才能让一本杂志变得更好，也经常和朋友们谈论这个话题。结果真的有人委托我做这方面的工作，让我负责编辑时尚品牌的当季目录和小册子等。

可是我万万没有想到，自己会因此与《生活手帖》结缘。

第四章

工作令人生更精彩

工作究竟是为了什么？

我对工作的定义是“帮助有困难的人”，但我也不是一开始就抱着这样的心态投入工作的。

在工作中得到了表扬，心里自然开心，也会加倍努力。客户的满意也是莫大的鼓励。但我年轻时并不会时刻把“帮助别人”作为行动的指南。毕竟那时需要赚钱谋生，存够了钱我就会立刻购买自己想要的东西，或者把钱花在自己喜欢的事情上。

然而到了不惑之年，心态便发生了变化。明明越来越接近目标，离自己想要的东西、想要成为的人越来越近了，我却有种难以名状的不满足感。

难道这就是我想要的吗？我的脑海中一片空白。我为之努力的目标，竟然这么渺小吗？这就结束了吗？

买自己想穿的衣服，戴自己想戴的手表，住自己想住的地方，过自己想过的日子。

我咬紧牙关拼命努力，终于实现了这些目标。这就是我想要的幸福吗？扪心自问时，我竟然不能斩钉截铁地给出肯定的回答。苦苦追求多年的东西，竟然是这么无足轻重的吗？我顿时有种扫兴的感觉。

工作究竟是为了什么？——每个有工作的人都会被这个问题困扰。“我是在为自己而工作！”“我在为更好的生活拼搏！”抱着这样的心态当然没问题。也有些艺术家不在乎世人是否认可自己，一心只想把自己想要表现的东西坚持到底。

不过“为自己”是一种近似于单行道的心态。当你迷失方向的时候，它未必能成为你的指路明灯。

因为“为自己”这个念头本身会产生动摇。

这是我的经验之谈。好不容易靠自己的努力过上了好日子又如何？得到的都是些昙花一现的东西。

享受自己的工作，得到他人的感谢与帮助，再努力回应他们的心意。这个过程会为双方带来莫大的幸福与快乐。

无论你从事的是哪种工作，都要认真地想一想：我的付出能换来谁的开心。年轻时，我做过楼宇清洁工的兼职。我发现同事们只是照章办事，吸一遍地板，用抹布擦一下了事。于是我就琢磨了一下，要是我把这个地方打扫干净了，最开心的会是谁呢？“好干净呀，真舒服！”——要是第二天早晨来上班的人能有这样的感觉，那该有多好啊！这时我意识到，为了让他们开心，走廊和办公桌也要打扫干净。

虽然我的工作量会比照章办事的人多一些，但是能收获更多成就感的人显然是我。

请大家牢记，每一份工作的那一头都是有血有肉的人。即便你从事的是不需要跟人打照面的工作。

只要是称得上“工作”的事情，都会为或多或少的人送去开心与快乐。所以我们一定要让自己清楚地认识到“我做这份工作能换来谁的开心”，如此一来，干劲与效率都会有显著的提升。做不到这一点，再伟大的工作都不过是单纯的机械劳动。

所以我绝不会做“不知道能让谁开心”的工作，即使报酬丰厚也不会心动。因为这样的工作无法带来成就感，到头来不过是浪费时间罢了。

因此，当我对某件事情感到迷茫的时候，我会回归原点，告诉自己“我的愿景是帮助有困难的人”，站在这个角度重新思考。

如此一来，我就能看清自己该走的路了。拥有了明确的愿景，心态便不会动摇，无论遇到什么事都能冷静地处理。

我们生活在一个需要互帮互助的社会中。我们做的每一项工作都一定会帮到别人。工作时把自己想要帮助的人放在心上，就能在服务对方的过程中收获快乐。而你的快乐也会感染其他人。一旦在社会中形成这样的良性循环，幸福就会播撒到世界的每个角落。

这就是我的工作观。

把更多的时间花在准备阶段

大多数人会把一天中的大部分时间用在工作上。用什么样的态度对待工作，才能让时间成为你的“好朋友”呢？**“把时间花在准备阶段”是我平时比较注意的一个方面。**

如果要做一场项目策划的简报，我不仅会准备好首选的A方案，还会另外准备B方案和C方案。A方案能顺利通过的话，那当然是最理想的结局，可惜“进展不顺”才是工作的常态。如果对方提了反对意见就垂头丧气地收拾东西走人，那才是白白浪费了彼此的时间。所以我们要在这种情况发生之前做好充分的准备。

第一个想法被推翻了，就马上抛出B方案，询问对方意下如何。还不行，就再给出C方案。如果你能不急不躁地做到这一步，对方一定会对你另眼相看。

常有人对自己的方案非常自信，可一听到反对的声音就情绪低落。可是你要知道，这在工作中是常有的事。该坚持的地方还是要坚持，方案的价值也得传达清楚，而且还要谈价格。这不叫讨价还价，也不是投机取巧。如果你能准备到这个程度，项目就十拿九稳了。

因为你花在准备阶段的时间无异于晴雨表，体现出你对这项工作的热情。有时候你连C方案都抛出来了，讨论了半天，对方还是觉得这也不好，那也不够。这时你可以反问一句："那大家还有更好的方案吗？"在大多数情况下，没有人会思考得那么深入。

反正对方肯定会提意见的，那就先准备一个最基础的 A 方案，再根据对方的要求逐步改进——也有人会采用这样的做法。但这样推进的项目很难让双方都心满意足。因为凑合使用的方案不可能发挥出太大的价值。

如果你考虑到了所有的可能性，准备了多种方案，对方自然能看出你花了多少时间准备，认为这个人值得信任，就会更倾向于把事情交给你做。

只有充分调动想象力，拿出远超对方预期的成果，才算得上成功。有些人习惯把目标定在“平均分以上”，有个 80 分、90 分就满足了，但这样无法让任何人感动。只有做到 120 分，甚至是 130 分，对方才会喜出望外。而多花时间准备，正是取得成功的捷径。

在探讨如何使用工作时间的时候，“聚餐”也是一个绕不过去的话题。常有人抱怨“真不想跟同事聚餐啊”，他们认为“聚餐就是在浪费时间”。如果你实在不喜欢，不参加也未尝不可，但日本毕竟有着看重酒桌交流的文化。所以我建议大家不要因为不喜欢、嫌麻烦就完全不参加聚餐，关键在于找到自己的平衡点。

我是个不喝酒的人，就算有人邀请我喝酒聚餐，我也不会表现得特别积极，一般都会提前想好“待多久”。待够 1 小时就走是比较常见的情况，提前跟人打好招呼就行。我有时候也觉得聚餐很麻烦，但实际到场和大家聊一聊还是很有意思的。

平衡点这个东西因人而异。有些人会采用“每三次去一次”的原则，参加的那一次会留到最后，跟大家喝到第二家甚至第三家[1]。总之不要全盘否定聚餐的意义，找到自己的平衡点即可。

1 在日本，公司聚餐或者和客户喝酒吃饭，通常会去好几家店。——译者注

坚持表达自己的爱好

在纽约卖书的时候，我特别喜欢一家叫“DEAN & DELUCA”的食品店。那里有来自世界各地的、最新潮的食品，也有传统的、本地的食品，可谓琳琅满目，应有尽有。

第一家“DEAN & DELUCA”诞生于20世纪70年代末的纽约SOHO地区[1]。我在20岁那年的冬天第一次走进这家店，自那时起便深受其精致美学的影

1 原本是纽约的老工业区，制造业衰退后闲置下来的许多厂房和仓库被一批艺术家改建为他们的工作室和画廊，后来便有越来越多的文化创意产业聚集于此。——编者注

响。2003 年，“DEAN & DELUCA”开到了日本。

2019 年，我有幸得到了和“DEAN & DELUCA”合作的机会——我受邀担任了《DEAN & DELUCA MAGAZINE》的编辑。这本杂志每年出版两期。

我一直希望自己有朝一日能够为仰慕多年的“DEAN & DELUCA”贡献力量。没想到三十多年过去了，梦想终于成真了。

愿望并不是想一想就能实现的，但我也没有轻易放弃。我就做了一件事：坚持表达自己对这家店的喜爱。

无论走到哪里，我一有机会就会聊起“DEAN & DELUCA”。聊第一次走进这家店的感受，聊店里的东西有多好，聊它的理念与哲学，聊自己有多喜欢店里的氛围，有多爱这个品牌。

日子久了，消息就传开了——“听说那谁好像特别喜欢 DEAN & DELUCA。”

机会不是说找就能找到的，也不是想要就能立刻得到的，但我们也不是什么都做不了。力所能及的事情之一，就是“坚持表达自己的喜爱”。

无论你走到哪里，遇到谁，都要聊上一聊。聊多了，自然会有机会。我就聊了三十多年，终于等到了梦想成真的这一天。

另外，还要做好“随时都能做一番自我介绍”的准备。练习自我介绍绝不是浪费时间。最有效的自我介绍就是讲述自己的爱好。单方面的滔滔不绝的确惹人嫌，但你要是能表达清楚“我最喜欢这种类型的音乐”，在场的人就会记住这种音乐，记住你这个人。这样的自我介绍就是站得住脚的，也更有价值。

自我介绍最忌讳难为情。千万别害羞，坦荡一点。“我喜欢泡女仆咖啡馆”“一周要去三次”“那家店的服务生特别可爱，还有这样那样的活动”……脸皮太薄，这些话就说不出口了。

可你要是真的喜欢，那就应该说出来。因为

这样能给人留下深刻的印象——“这人真有个性！”“哦，原来他喜欢女仆咖啡馆啊……”

这就是推动命运的一小步。所以聊起自己的爱好时千万不能难为情。

我在写文章的时候也常会提到自己喜欢的东西。根据我的经验，写作时越不害羞，就越能得到读者的共鸣。偶尔得到夸奖的文章都是厚着脸皮照实写的。要是装腔作势，写的时候放不开，就打动不了任何人。

喜欢的东西不一定要伟大。关键不在于你喜欢什么，能让人引起共鸣、打动他人的是你的热情。

你的爱好有超乎想象的影响力。爱好看似渺小，看似很私人化，却有着撬动天地的力量。总有一天，它会为你带来期盼已久的机会。

追求高档品的价值

小时候，我打过一段时间的棒球。有一年过生日的时候，我央求母亲买个硬式棒球的手套作为我的生日礼物，而且点名要了当时巨人队的著名球手土井正三的同款。还记得当时的售价大概是 4 万日元（约合人民币 2560 元）。

母亲对棒球一窍不通，大概也不知道这副手套是贵还是便宜。对于一个小学生来说，那款手套绝对称不上“好用”，但我就是想要一副真皮手套，一副职业球手会用的高档手套。

很多人会对所谓的“高档品”产生向往。而我购买高档品的动机往往是好奇心。我想知道它为什么卖那么贵，想亲自确认它的价值。**也许我并不是“想用”，而是“想学”**，就像读一本书一样。

与其说我买的是东西，倒不如说我买了一份体验。我想邂逅让自己佩服的东西，想要为之感动。毕竟一样东西为什么值100万日元，只有买下它的人才明白。

衬衫、皮鞋、腰带……这些所谓的“高档品”定有过人之处。起初，你也许不明白它为什么卖那么贵，不过在实际使用的过程中，你一定能感受到它的特别之处。也许是触感，也许是某个设计的小细节。再小的差异，也能产生巨大的不同。

当然，我们不需要把随身物品全都换成高档品。市面上有很多物美价廉的休闲服装，我平时也很喜欢穿。不过**接触高档品的经验可以丰富我们的内涵**。

市面上有不少价格昂贵、品质精良的东西，但我认为基本不存在漫天要价的情况。如果只会嚷嚷“太贵了”“简直是抢钱”，那就不会有任何进步。这说明你不明白它为什么贵。如果能搞清它与普通商品的区别，你就能学到很多。

每次出行都住高档酒店未免太过夸张，但你只要住过一次，就会明白它为什么比其他酒店高档，跟其他酒店有什么不一样。这种差异，这份经验，就是难能可贵的财富。

我现在每隔 10 天就要去一次理发店。我可能是那家店最年轻的顾客。理发加刮胡子，一套下来要一个半小时左右。每次都要用掉二十多条毛巾。价格也是比较贵的，但我这人不喝酒也不赌博，这也算是生活中唯一的奢侈了。那家店带给我的是极致的放松与舒适。

常有人劝我，理发店不用去得那么频繁吧。但每次去总有能修剪的地方，而且把自己收拾干净也是一种生活仪式感，还能让我产生安全感。

我一直很注意自己的仪表，但这不是我频繁往理发店跑的唯一原因。在我看来，这家理发店也是货真价实的“高档品”。技术过硬就不用说了，能和其他顾客聊天，**接触到他们的价值观也是我非常享受的环节**。只要去那家店，我就能听到各种各样的故事，结识各种各样的人，了解到许多关于金钱和工作的教训。这都是在别处享受不到的体验。

我跟那家理发店打了十多年的交道。其实我很久以前就知道有这么一家店了，心里一直抱有某种向往。

终于有一天，我下定决心，给老板写了一封信，讲述自己的心中所想，希望能成为他的顾客。老板回信说：“欢迎您光临。”

刚开始是每月一次。临走时约好下一次的时间。

过了一段时间之后，变成了两周去一次，现在则是 10 天去一次。有些客人是每周都去。能不能约到时间要看店家的安排，不是自己可以决定的。希望有朝一日，我也能成为每周都有资格去享受一次的人。

众人口中的“高档品”，必然有其过人之处。了解它们的过人之处，也是让钱花得物有所值的方法之一。

积累信誉

信誉是人生中非常重要的无形资产。在我们的生活中，信誉无处不在。

有没有每年按规定交税？有没有拖欠过水电燃气费或贷款？和朋友、生意伙伴打交道的时候有没有敷衍了事？有没有做到及时联系，及时汇报？日常生活中的小事也能创造信用度，所以我们一定要用心做好，不能敷衍马虎。

担任《生活手帖》主编的时候，某男性杂志的主编曾经问过我："松浦先生，您觉得一个优秀的杂志主编必须满足什么条件?”认真思考过后，我回答:“做主编的人必须有借到钱的能力。”

不能在遇到紧急情况时筹集到一定的资金，就没有资格当主编。我的回答得到了对方的认同。

身居高位的人需要对方方面面负责。杂志社一旦出现问题，或者遇到了不得不停刊的情况，我这个当主编的就要帮公司垫付款项，给员工发工资。身为主编，这是不可推卸的责任。

银行也好，个人也罢。遇到这种情况时，能有几个人百分百信任你，看在你的面子上借钱给你呢?

“是不是真的需要借钱”并不是重点，重点是他人有多信任你。

你遇到过很多人，和很多人有过交流，工作上也是勤勤恳恳，生活态度也很端正——你能不能让大家了解到你是这样一个人，有没有建立起牢固的人际关系?在你需要借钱的时候，他们会不会痛痛快快地答应呢？

你得到了哪些人的信任？他们又有多信任你呢？

因为我列举的例子与工作有关，牵涉到的金额可能会比较大。但金额本身并不重要。1000 元也好，1 万元也好，10 万元也好……当你遇到困难的时候，有没有人二话不说就借钱给你呢？

只要我们还活着，就不可能完全摆脱焦虑。而**焦虑的本质往往和钱有关**。大多数人都在担心，不知道未来会怎么样，不知道自己能不能坚持下去。“万一收入没了该怎么办啊？”“手头的钱能撑多久呢？”……我们心里或多或少都会有这样的担忧。

不可思议的是，拥有数百亿资产的人也无法避免这样的担忧。他们也会担心，也许 10 年后这些钱都会消失不见。也许钱越多，焦虑感就越强。年龄的增长和日益明显的衰老也会加重焦虑。

而**信誉正是克服这种焦虑的利器**。我们生活在一个瞬息万变的时代。哪怕是有固定工作的公司职

为积累信誉而努力

员，也可能会遇到公司突然倒闭、自己突然丢掉饭碗的情况。而信誉恰恰能在这种时候发挥出至关重要的作用。

即使没有窘迫到要借钱的地步，只要别人信得过你，就会给你介绍工作，或者介绍房租更低的住处什么的。信誉，能在关键时刻拉你一把。

信誉离不开规律的生活和勤勤恳恳的工作态度。不仅如此，我们还要努力让身边的亲朋好友知道自己平时都在做什么，有什么样的想法。**重在每天一点一滴积累信誉，并在力所能及的范围内持之以恒。**

如果你觉得此刻没有人愿意向你伸出援手，那就想一想如何才能得到周围人的信任。垃圾分类做好了吗？见到别人有没有主动打招呼？有没有真心对待朋友？日常生活中，不乏努力的机会。

如何避免信誉崩塌

积累信誉需要花费很长时间，但信誉的崩塌不过是一眨眼的工夫。

造成信誉崩塌的原因往往是财务纠纷和男女关系方面的问题。在日常生活中犯些小错误，最多就是被人嘲笑两天，可一旦牵涉到这两件事，你的信誉就会一落千丈，所以无论男女都要多加小心。

一旦东窗事发，就会在一瞬间丧失社会信用。沟通的形式有很多，但还是**要认真对待身边的人，伤害别人的事情要尽可能避免**。

纳税、还贷、按期还信用卡的钱等方面也要格外注意。一旦忘记按期还款，补缴、赔偿滞纳金就不用说了，还会失去社会信用。

如果你是公司职员，请一定要按照规定报销费用。也许稍微动动脑筋就能找到“更划算的法子”，殊不知当问题曝光时，你的处境会非常尴尬。周围的同事肯定也会觉得你是个不靠谱的人。

我也不是让大家做完美的圣人，只是想强调一下，因为这类问题丧失的信誉是无法轻易恢复的。

“他是个好人，就是有点小问题……”如果被人这么指指点点多难受啊。事态一旦发展到这个地步就很难挽回了，还是尽可能避免为妙。

还有一点需要注意的是，**随着年龄的增长，积累信誉的意识可能会愈发薄弱**。年轻人希望得到他人的认可，所以做事也比较努力。然而当信誉积累到一定程度后，人难免会松懈下来。我们必须尽早意识到这一点，否则好不容易积累起来的信誉也会在不知不觉中被逐渐消磨掉。夫妻关系、伙伴关系就是很典型的例子。刚认识的时候，你会信守承诺，让对方觉得自己值得信赖。对方跟你说话时，你也会认真回答。让你帮个忙，你也是一口答应，没有丝毫的不耐烦。然而相伴 20 年后，安心感会令你渐渐松懈。态度不再体贴，自说自话，信誉分直线下降是必然的结果。

一旦松懈，对待社会以及他人的态度也会变得傲慢起来。

在公司里也一样。一旦升任部门经理或更高职位，就会下意识地松懈，原本为了积累信誉拼命去做的一些事情也懒得坚持了，比如见人主动打招呼、经常道谢、经常参加聚会、跑客户拓展人脉、主动请缨组织团建……

长此以往，好不容易积累起来的信誉分定会在不知不觉中逐渐减少。**地位变高了，信誉度却不增反减**，这样的人其实有很多。年龄越大，就越应该定期检查自己的信誉情况，及时调整时间和金钱的使用方法。

肯定一切的人生态度

偶尔会有人问我："你有什么不喜欢的东西吗？"一时半会儿我还真想不出来。讨厌的人几乎也没有，因为我平时很少生气，几乎不会对他人产生厌恶的情绪。

我也不是因为某种契机才变成这样的，这也不是刻意努力的结果。仔细回想起来，**肯定一切就是我的人生态度。**

世上没有完美无缺的东西，有好的部分，也有不好的部分。人与事也是如此，总有美中不足之处。但闪光点肯定是存在的，就看你能不能发现了。

就算我倒了大霉，失去了所有的财产和重要的家人，我也会肯定自己所处的世态。我会感谢这段经历，感谢上天赐予的困难和考验让我对人生有了更深的领悟。因为我要是不这么想，就无法前进了。

假设你因为某件事记恨某人。他狠狠地背叛了你，所以你勃然大怒，说什么都不肯原谅他，满脑子都想着怎么样才能让他跟你一样遭罪，怎么样才能让他道歉。然而，你不可能在这样的状态下取得进步。你将无法前行。你总想着为什么事情会变成这样，怎么想都想不通。

“无论你所经历的有多么荒唐，多么不幸，只要你拒绝承认，拒绝接受，就永远都不可能走出来。如果你无法调整心态，感激这段经历带来的收获，你就永远都无法摆脱困境。所以我们才要肯定一切。”当别人问起我不断进步的诀窍时，我就会这样回答。

然而，听到这个回答的大多数人都会说：“我做不到啊。”“这话也太假了吧。”但这就是我的一贯方针，今后也不打算改。

在我看来，**这正是不断学习、天天进步的诀窍。**

找准毕生事业

我 35 岁前后那几年刚好是互联网的黎明期。当时我有每天写博客的习惯，不过我的博客文章不是直接在键盘上打出来的，而是每天在白纸上手写一段文字，用数码相机拍下来传到网站上。每一篇都以“今天也要用心过生活”结尾。写博客的初衷只是为了提醒自己，不过注入文字的思想渐渐传播开来，让我有幸和许许多多的人共享了自己的价值观。

也许“今天也要用心过生活”这句话恰好表现出了在某些人心中已经生根发芽，还没有用文字表达出来，却隐隐约约觉得它很重要的价值观与心态。

这段经历让我下定决心，试着用自己的语言和方式来表达心中的情感。后来，我还出了一本用这句话命名的书。

我不是作家，也没把自己当成艺术家。我不想用独特的方式表达自己，也不指望他人能理解我表达出来的东西。**工作也好，写作也罢，我的出发点都不是实现自我，而是想要帮助他人的信念。**

大家因为什么而担心呢？遇到了什么样的困难？……我无时无刻不在思考这些问题。

假设在你面前有一只杯子。虽然是非常常见的杯子，但它有不为人知的价值。如果你能用语言把这种价值表达出来，大家就会感动地说："还真是！""这杯子真棒！"

他们会觉得它不再是一只普通的杯子。当他们拿起杯子的时候，心情会变得愉悦，生活仿佛都有了改变，进而产生想要这只杯子的念头。

我很喜欢这样的表达，所以我坚信，只要用心去传达，就没有传达不了的东西。

关键在于找出商品的优点，然后思考它能如何帮到大家。

我之所以能做到这点，可能和我从小习惯观察有关。直到今天，我依然会在大马路上观察路人的表情，琢磨大家的脸色为何如此阴沉。在这样的心境下，人们会对什么样的东西产生渴望呢？什么东西会让人忘记生活中的不顺心呢？

不过做得太露骨也不行。能忘记不顺心的事情固然好，可人终究要遵守道德，有些东西是不能丢的。所以表达出来的东西还需要进一步的提炼。

比如我曾出版了一本书，书名为《写给想哭的你》。它由“生活的基本”网站上的连载总结而成。我原本想把书命名为《写给没精打采的你》。因为我走在街上发现表情阴沉的人越来越多，所以写了几篇随笔给他们。但这个书名有点消极。试想一下，拿着这样一本书去收银台结账，恐怕很多人会对此产生抗拒心理……所以后来才改成了《写给想哭的你》。

这就是我对待工作和写作的态度。“你们看，我知道这么多好东西呢!”——我并不是在炫耀自己的学识。但我认为，这就是适合我的工作方式，称得上是我的毕生事业。

我觉得，自己的想象力和创意应该是可以为社会做出些许贡献的。这就是我与世界沟通的方式，而这份努力也为我带来了心灵的救赎。

将创意变现

如果有人问我："成功的先决条件是什么？"我会告诉他："深入了解某个领域。"要是你知道的比别人多，你就一定会成功。如果你成了全世界最了解这个领域的人，那你就是世界第一了。至于我对什么最了解，那肯定是"人正在为什么而烦恼"。

怎么做才能成为某个领域的专家呢？就我个人而言，这并非努力的结果，而是受某项兴趣的驱使。坐车的时候，走在大街上的时候，我都会用心观察周围的世界，将搜集到的信息下意识地输入自己的头脑。

等到需要构思方案的时候，再把这些信息用文字或其他形式表达出来。当有人向我请教工作上的问题时，思维也会变得越来越活跃，而积累在头脑中的数据则会转化为语言或者其他的形态。

如何把自己了解的东西变成工作乃至毕生的事业呢？我的做法很简单，把想法转化成语言，表达出来。然后就是坚持在杂志或网络媒体上发表文章。

你要做的，就是想方设法把自己比其他任何人都了解的东西传播到全世界。我碰巧选择了写作这一形式，其实表现方法还有很多。视频网站、博客、课堂、创业……任君挑选。

我所定义的收入公式是“收入 = 感动 × 人数”。“了解”对应的就是创意，如果你的创意能打动他人，为你感动的人数就会上升，久而久之工作便会走上正轨。

如果你有自己的强项，对某方面比谁都了解，那么你只要想办法让这个东西传播到全世界就行了。就像玩多米诺骨牌一样，推倒了第一片，之后的无数片都会随之倒下。所以我无时无刻不在思考“如何推倒第一片”。

地球上有几十亿人，只要方法得当，为你感动的人数就会非常可观。

当然，第一次尝试就成功的概率微乎其微，所以需要大量的试错，而且一次性能推翻的骨牌毕竟数量有限。但基本思路还是专注于推倒第一片，摸索可行的方法。

出版一本书也有可能成为第一片倒下的骨牌。如果一切顺利的话，出版一本书是一项非常好的投资。卖自己写的书——这份工作的收入与“人数”直接挂钩。别怪我说得太俗气，如果你写出了畅销书，这本书就有可能为你带来源源不断的收入。

访谈　我的工作经历 ❹

参与“生活手帖展”

2006 年，世田谷文学馆计划举办“花森安治与生活手帖展”。策展人找到了我，想请我去出谋划策。

之所以找我，是因为我一直都很喜欢《生活手帖》，他也知道我经常在随笔中提到这本杂志。我看过许许多多国外的杂志，却从没见过《生活手帖》这种类型的杂志。它很有新意，在传达、展示和阅读体验层面有很多独到之处。不过我也觉得以前的《生活手帖》比较有意思，现在的有点无聊。

于是我参与了目录的编纂，请设计师皆川明老师、料理专家高山直美老师写了评论，还参与了一些布展工作。

在展览期间，我还举办了一场脱口秀，主题是“评测《生活手帖》”。这本杂志评测过各种各样的商品，这回轮到它接受别人的评测了。我对比了它和其他生活方式类型的杂志，畅所欲言。《生活手帖》的创始人大桥镇子女士和她的妹妹大桥芳子女士也来到了会场。

展览本身取得了巨大的成功，刷新了世田谷文学馆的入场人数纪录，据说还发了庆祝客满的红包呢。

就任《生活手帖》主编

大概两三个月后，《生活手帖》杂志社的社长约我出来吃饭，问我要不要去当主编。起初我坚决推辞，毕竟我没有任何经验，恐怕难当大任。

那可是日本最具代表性的杂志啊，万一把招牌做砸了可怎么办。再说了，我都没有在公司上过班，连公司是怎么回事都不知道。

我还见到了创始人大桥镇子女士。我问：“您对我有多少了解啊？”她痛快地回答：“没关系，我相信自己眼前的这个人。”人家都说到这个份儿上了，我自是下定决心，哪怕拼上这条命也要把杂志做好。他们希望我能帮助《生活手帖》重整旗鼓。当时杂志的发行量明显下降，处境非常艰难。

我的一贯原则就是“做当下该做的事”，仅此而已，不会去考虑“自己现在的生活需要多少收入”。决定接受这份工作的时候，我也完全没有考虑过收入的问题。

毕竟我不可能从一开始就拿出超乎预期的成绩，所以不用太纠结收入。只要坚持做自己认为有趣的事，经验自然会提高你的收入。

会做生意比会做编辑更重要

然而，《生活手帖》的工作比我预想得还要艰难。头几年的大环境也相当不利。

于是我调整了杂志的目标读者群——从50岁以上改为30~39岁，停了几个长期连载的栏目，对版面进行大幅改革。可努力迟迟不见成效，这令我心力交瘁。

我觉得主编这份工作让我学到了更多的经营之道，而非杂志的编辑技巧。看到一样好东西的时候，人们可能会说一句“挺好的”，但不一定会掏钱买。那什么样的东西会让人产生“想买”的念头呢？我对这个问题进行了深入的研究。

我每个月都会去拜访批发杂志给书店的经销商，了解一下《生活手帖》的销售情况，透露一下接下来准备做什么特辑。单看数据也能在某种程度上了解销售情况，但经销商会告诉我更为具体的第一手信息，比如“这期刚上市的时候卖得不错”或者“这样的特辑听起来很有销路”。

会拜访经销商的杂志主编恐怕不多，不过对我来说，经销商简直是信息的宝库。

接手杂志5年后，销量开始直线上升，盈利也有了极大的改善。

就任主编之后，我的收入下降了，所以搬去了房租比较低的地方，车也卖了，出门基本坐电车。但我也收获了很多。那段时间我也在积极地写书，有时一年能出版10本左右。其中有几本卖得不错，在收入方面帮了我不少忙。

至于工资收入，我在业绩增长的同时提出加薪的要求，也得到了批准。先给团队的人涨工资，最后才轮到自己。毕竟杂志取得的成绩是大家共同努力的结果，所以我要求把盈利合理分配给大家，希望努力工作的人可以在经济层面得到回报。

主编一做就是9年。我实现了当初承诺的销量，当年诚心邀请我加盟的大桥镇子女士和大桥芳子女士在这期间相继离世，我也算无愧于她们的信任，没有任何遗憾了。为杂志全力奋斗了整整9年，我的确是身心俱疲了。而且我觉得继续坐在主编的位置上多有不妥。我没有了以往的紧迫感，变得越来越“精明”了，越来越会做杂志了。原计划5年完成任务，但实际耗费的时间要更长一些。是时候离开了——我向公司提出了辞职。

在即将迎来50岁生日时进入IT行业

下一步该做什么呢？就在这时，我对互联网和科技的世界产生了兴趣。当时我还在用老式手机，正在考虑该去哪里从头学起。无巧不成书，Cookpad[1]的创始人对我很感兴趣，约我出来见面。

我告诉他，我想研究一下互联网。他便提议：“那就来我们公司吧！”我心想这也是缘分，便入职了。当时我也没有在工资方面讨价还价。毕竟我对那个世界一无所知，是个彻头彻尾的菜鸟，没有谈工资的底气。入

1 一家技术实力雄厚的互联网企业。——编者注

职当天，我是这么跟同事们打招呼的：“让我做什么都可以，请大家多多指教。”于是我又在新的公司从头开始了。

我加深了对互联网的了解，创办了一家名为“生活的基本”的新媒体。两年后转让时，我又参与了“株式会社美味健康”的创办工作。目前我在这家公司担任联合 CEO，同时以个人身份参与各种业务，并出版书籍。

图书在版编目（CIP）数据

慢慢变富：让人生更富有的金钱与工作法则 / (日)
松浦弥太郎著；曹逸冰译. -- 南京：江苏凤凰文艺出
版社, 2021.5 (2022.3重印)
ISBN 978-7-5594-5723-3

Ⅰ. ①慢… Ⅱ. ①松… ②曹… Ⅲ. ①成功心理－通
俗读物 Ⅳ. ①B848.9-49

中国版本图书馆CIP数据核字(2021)第058136号

版权局著作权登记号：图字 10-2021-14

慢慢变富：让人生更富有的金钱与工作法则

[日] 松浦弥太郎　著　曹逸冰　译

责任编辑　王昕宁
特约编辑　周晓晗　王　瑶
责任印制　刘　巍
出版发行　江苏凤凰文艺出版社
　　　　　南京市中央路165号，邮编：210009
网　　址　http:// www.jswenyi.com
印　　刷　天津联城印刷有限公司
开　　本　787毫米 × 1092毫米　1/32
印　　张　8
字　　数　100千字
版　　次　2021年5月第1版
印　　次　2022年3月第3次印刷
书　　号　ISBN 978-7-5594-5723-3
定　　价　52.00元

快读·慢活®

《高财商女子养成术》

养成 26 个理财小习惯，拥有富人思维

金钱，是反映你自己的一面镜子。若是抱着这样的想法与金钱打交道，就能够清楚地明白一个人需要养成哪些习惯。

本书是由日本一级理财顾问、日本金融学习协会理事——大竹乃梨子写给千万女性的理财指南，教你改变思维，在日常生活中养成 26 个小习惯，培养理财意识，拥有富人思维。

作者针对女性单身、婚后、养育子女、老后等不同的人生阶段，在存钱、购买保险、买房置业、投资理财以及自我提升等多方面都给出了切实可行的建议，掌握基础的理财知识，懂得灵活运用生钱之术，制订适合自己的财务计划，最终实现财务自由！

快读·慢活®

从出生到少女，到女人，再到成为妈妈，养育下一代，女性在每一个重要时期都需要知识、勇气与独立思考的能力。

“快读·慢活®”致力于陪伴女性终身成长，帮助新一代中国女性成长为更好的自己。从生活到职场，从美容护肤、运动健康到育儿、家庭教育、婚姻等各个维度，为中国女性提供全方位的知识支持，让生活更有趣，让育儿更轻松，让家庭生活更美好。